普通高等教育"十四五"系列教材

Python

程序设计与数据分析

潘韵　俞文昌　鲁和杰 ◎ 主编

华中科技大学出版社
http://press.hust.edu.cn
中国·武汉

内 容 简 介

本书以 Anaconda 为主要开发工具,旨在帮助读者从入门到掌握 Python 程序设计和数据分析的基础知识。本书共包含 11 章,涵盖了 Python 的核心概念、基本数据类型、程序控制结构、函数、组合数据类型、面向对象编程、文件和数据格式化、异常处理、网络爬虫、科学计算库 NumPy 以及数据分析与可视化等主题。无论对于初学者还是有一定经验的开发者,本书都提供了详细而系统的指导,帮助读者建立坚实的 Python 程序设计和数据分析基础。每章都包含理论讲解、示例代码和习题,以帮助读者巩固所学知识。除此之外,在每章的学习内容中穿插课程思政的案例。这种结合课程思政的案例设计,旨在帮助学生将所学知识与思政内容相结合,通过学科教育引导学生形成正确的世界观、人生观和价值观,培养他们的思辨能力、社会责任感和创新精神。通过这样的设计,读者在学习 Python 程序设计和数据分析的过程中,不仅能够获取技术知识,还能够更深入地理解技术应用的社会影响和伦理考量。这将有助于培养读者的思辨能力,使他们能够客观分析问题、综合思考并做出明智的决策。

为了方便教学,本书还配有电子课件等资料,任课教师可以发邮件至 hustpeiit@163.com 索取。

无论是学习 Python 的基础知识,还是希望在数据科学领域深入应用 Python,本书都能满足您的需求,并成为您编程与数据科学之路的得力伴侣。

图书在版编目(CIP)数据

Python 程序设计与数据分析/潘韵,俞文昌,鲁和杰主编.—武汉:华中科技大学出版社,2024.1
ISBN 978-7-5772-0134-4

Ⅰ.①P···　Ⅱ.①潘···　②俞···　③鲁···　Ⅲ.①软件工具-程序设计　Ⅳ.①TP311.561

中国国家版本馆 CIP 数据核字(2024)第 036664 号

Python 程序设计与数据分析
Python Chengxu Sheji yu Shuju Fenxi

潘　韵　俞文昌　鲁和杰　主编

策划编辑:康　序
责任编辑:史永霞
封面设计:孢　子
责任监印:朱　玢

出版发行:华中科技大学出版社(中国·武汉)　　电话:(027)81321913
　　　　　武汉市东湖新技术开发区华工科技园　　邮编:430223
录　排:武汉创易图文工作室
印　刷:武汉市籍缘印刷厂
开　本:787mm×1092mm　1/16
印　张:15.75
字　数:424 千字
版　次:2024 年 1 月第 1 版第 1 次印刷
定　价:58.00 元

　　Python 编程语言凭借其简洁、易学和强大的功能,成了数据科学领域的重要工具。而 Anaconda 作为一套集成了 Python 和各种数据科学库的开发环境,为我们提供了便捷的工具和丰富的资源。本书以 Anaconda 为主要开发工具,通过每章的理论讲解、示例代码和习题,引导学生逐步掌握 Python 编程和数据科学的关键概念和技能。

　　我们特别加入了课程思政的案例,将 Python 程序设计和数据分析与课程思政的题材相结合。这样的设计旨在帮助读者将所学的 Python 编程技能和数据分析方法与思政内容紧密联系起来。这种综合性的教学方法旨在超越单一的技术层面,将编程和数据分析置于更广阔的社会背景中。我们希望读者能够通过这样的学习体验,意识到自身作为技术从业者的责任和影响力,并积极参与社会发展,为解决现实问题做出贡献。

　　第 1 章 Python 概述:为读者介绍了 Python 编程语言的特点、发展史和应用领域,为后续章节打下基础。

　　第 2 章 Python 基本数据类型:深入讨论了 Python 中的数字、字符串、列表、元组和字典等基本数据类型,以及它们的操作和常见用法。

　　第 3 章程序控制结构:引导读者学习如何使用条件语句、循环语句和迭代语句来控制程序的执行流程,实现更复杂的逻辑控制。

　　第 4 章函数:探讨了 Python 函数的定义、参数传递、作用域和递归等概念,帮助读者编写可重用的代码。

　　第 5 章组合数据类型:介绍了列表、元组和字典等组合数据类型的高级操作,以及如何使用它们来组织和处理数据。

　　第 6 章面向对象:引导读者理解面向对象编程的概念,学习如何定义类、创建对象和使用继承等面向对象的编程技巧。

　　第 7 章文件和数据格式化:教授读者如何读写文件、处理 CSV 和 JSON 等常见数据格式,以及如何进行数据的输入和输出操作。

　　第 8 章异常:介绍了异常处理的概念和技巧,帮助读者编写健壮的程序,处理可能出现的错误和异常情况。

　　第 9 章网络爬虫:引导读者学习如何使用 Python 编写简单的网络爬虫,抓取网页数据并进行处理和分析。

第 10 章科学计算库 NumPy：深入介绍了 NumPy 库，探讨了其在数组操作、数值计算和线性代数等领域的应用。

第 11 章数据分析与可视化：介绍了常用的数据分析和可视化工具，包括 pandas 和 Matplotlib 等，帮助读者进行数据处理和展示。

我们深知学习编程和数据分析的过程中可能会遇到挑战和困惑，但请相信，您不是孤单的。我们编写本书的初衷就是帮助您克服困难，获得成功。在阅读本书的过程中，您将拥有一位身经百战的导师，引领您逐步攀登编程和数据分析的高峰。

最后，我们真诚希望本书能够成为您编程与数据科学之路的得力伴侣。让我们一起踏上这个令人兴奋的学习旅程，开启 Python 程序设计和数据分析的奇妙世界！

感谢池州学院为本书提供的支持，也感谢池州学院大数据与人工智能学院的院部领导为本书提供的宝贵意见。由于编者水平有限，书中不足之处请广大专家、读者批评指正。

编者

目录

CONTENTS

第1章

Python概述

1.1 Python 的特点、发展史和应用领域

Python 语言是一种高级、解释、交互式和面向对象的脚本语言,它被广泛用于数据处理、Web 开发、游戏开发、人工智能等众多领域,受到广泛好评。无论是对于成熟的程序员还是对于学习编程的新手,Python 语言都是一种开源的高级程序设计语言,支持面向对象,简单易学、易用、易维护、可扩展,并能够和多种语言完美融合。简单说,Python 语言的语法结构简单,是一种易于上手的语言。

1.1.1 Python 特点

Python 的编程指导原则是"优雅、明确、简单",当我们在 Python 编辑器中输入如下指令时:

```
#import this
```

我们会看到如图 1.1 所示的一首诗,一首 Tim Peters 的《The Zen of Python》(Python 之禅)的诗。

```
>>> import this
The Zen of Python, by Tim Peters

Beautiful is better than ugly.
Explicit is better than implicit.
Simple is better than complex.
Complex is better than complicated.
Flat is better than nested.
Sparse is better than dense.
Readability counts.
Special cases aren't special enough to break the rules.
Although practicality beats purity.
Errors should never pass silently.
Unless explicitly silenced.
In the face of ambiguity, refuse the temptation to guess.
There should be one-- and preferably only one --obvious way to do it.
Although that way may not be obvious at first unless you're Dutch.
Now is better than never.
Although never is often better than *right* now.
If the implementation is hard to explain, it's a bad idea.
If the implementation is easy to explain, it may be a good idea.
Namespaces are one honking great idea -- let's do more of those!
>>>
```

图 1.1 Python 之禅

Python 语言作为一种比较"新"的编程语言,能在众多编程语言中脱颖而出,且与 Java、C 语言、C++等编程语言并驾齐驱,说明其具有诸多高级语言的优点,亦独具一格,拥有自己的特点。下面我们将简单说明 Python 语言的特点:

- 易于学习:Python 几乎没有关键字,结构简单,语法清晰。这能让学生快速学习。
- 易于阅读:Python 代码更清晰、更明显。
- 易于维护:Python 的源代码非常易于维护。
- 广泛的标准库:Python 的大部分库在 UNIX、Windows 和 Macintosh 上非常便携且跨平台兼容。
- 交互模式:Python 支持交互模式,允许交互式测试和调试代码片段。
- 便携:Python 可以在各种硬件平台上运行,并且在所有平台上都具有相同的界面。

• 可扩展：可以将低级模块添加到 Python 解释器。这些模块使程序员能够更高效地添加或定制他们的工具。与 Shell 脚本相比，Python 为大型程序提供了更好的结构和支持。

• Python 为所有主要商业数据库提供接口。

• GUI 编程：Python 支持 GUI 应用程序，可以创建和移植到许多库和 Windows 系统，如 Windows MFC，Macintosh 和 UNIX 的 X Window 系统。

1.1.2　Python 发展史

Python 语言诞生于 1990 年代，由吉多·范罗苏姆设计开发。由于他喜欢一部名为《Monty Python's Flying Circus》(《蒙提·派森的飞行马戏团》)的英国剧，所以将"Python"作为编程语言的名字，Python 就此诞生。(见图 1.2)

图 1.2　吉多·范罗苏姆和 Python 图标

1991 年发布了第一个版本。这个版本使用 C 语言实现，能调用 C 语言的库文件，广受好评。最初 Python 完全由吉多一人开发，由吉多同事使用并反馈意见，之后同事们纷纷参与到 Python 的改进中来。他们践行着隐藏底层细节，让程序员专注于程序逻辑，因此吸引了越来越多的程序员使用和研发 Python 语言。同时，Python 具有类、函数、异常处理、列表和字典在内的核心数据类型，以及基于模块化的可拓展机制。Python 未受到硬件性能限制，又容易使用，开源的开发模式也让 Python 的许多用户加入拓展中来。在这个过程当中，Python 吸收了来自不同领域的开发者的诸多建议，Python 社区也不断扩大。2000 年 Python 2.0 发布。在此基础上，Python 迅速发展，它的版本发展如表 1.1 所示。

表 1.1　Python 版本

版本号	发布年份	拥有者	GPL 兼容(是/否)
1.0	1991	CWI	是
2.0.0	2000	BeOpen.com	否
3.0.0	2008	PSF	是
3.7.0	2018	PSF	是
3.8.0	2019	PSF	是

版本号	发布年份	拥有者	GPL 兼容(是/否)
3.9.0	2020	PSF	是
3.10.4	2022	PSF	是

对于初学 Python 的读者而言,Python 3.x 无疑是最好的选择。

1.1.3　Python 应用领域

Python 作为脚本语言以较低的学习门槛、强大的功能和很高的兼容性著称,使用它能轻松完成像爬虫、Web 应用开发、人工智能、数据分析等,它像一位全能型的"选手"应用在以下领域。

1)Web 开发

Python 是 Web 开发的主流语言,Python 的类库非常丰富、使用方便,能够为一个需求提供多种方案。随着 Python 的 Web 开发框架逐渐成熟,用户可以快速地开发功能强大的Web 应用。

2)网络爬虫

爬虫程序通过自动化程序有针对性地爬取网络数据,提取可用的资源。爬虫的真正作用是从网络上获取有用的数据或信息,可以节省大量时间。能够编写网络爬虫的编程语言有不少,但 Python 是其中的主流之一。Python 自带的 urllib 库、第三方的 requests 库和Scrapy 框架让开发爬虫变得非常容易。

3)科学计算与数据分析

Python 提供了多维数组运算和矩阵运算的模块 NumPy、支持科学计算的模块 SciPy 和支持画图的模块 Matplotlib。它不仅支持各种数学运算,还可以绘制高质量的 2D 和 3D 图像。并且 Python 还形成了自己独特的面向科学计算的 Python 发行版 Anaconda,而且这几年一直在快速进化和完善,对传统的数据分析语言形成了非常强的替代性。Python 越来越适合做科学计算和数据分析了。

4)人工智能

Python 在人工智能大范畴领域内的机器学习、神经网络、深度学习等方面都是主流的编程语言,得到广泛的支持和应用。最流行的神经网络框架如 Facebook 的 PyTorch 和Google 的 TensorFlow 都采用了 Python 语言。

5)自动化运维

Python 是一种脚本语言,提供了一些能够调用系统功能的库,因此 Python 常被用于编写脚本程序,以控制系统,实现自动化运维。

6)云计算

Python 的最强大之处在于模块化和灵活性,而构建云计算的平台的基础设施即服务(IasS)的 OpenStack 就是采用 Python 的,云计算的其他服务也都是在 IasS 服务之上的。

7)游戏开发

很多游戏开发者使用 Python 编写游戏的逻辑代码,然后再使用 C++编写图形显示等高性能模块,其中 Python 提供了 Pygame 模块,利用这个模块可以制作 2D 游戏。

8)多媒体应用

Python 提供了 PIL、Piddle、ReportLab 等模块,利用这些模块可以处理图像、声音、视频等,并动态地生成统计分析表。

1.2 安装及环境配置

在 Python 官网可以下载 Python 解释器,也可以从 Anaconda 平台下载集成开发环境。这些集成开发和学习环境的使用方式基本相同。本节将介绍如何安装和配置 Python 开发环境。

1.2.1 安装 Python 解释器

从官网 https://www.python.org/直接下载安装程序,本书在 Windows 10 下安装 Python 3.10 版本,进入界面后点击 Download ,根据系统情况选择下载的版本,可以选择下载最新版本,也可以选择下载以前的老版本。下载界面如图 1.3 所示。

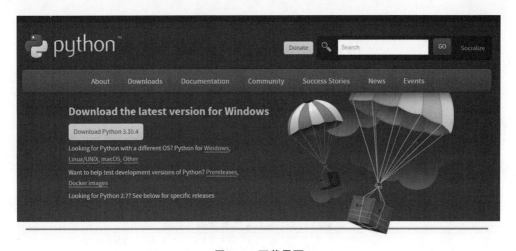

图 1.3   下载界面

下载完成之后,生成扩展名为.exe 的文件,双击运行,进行安装。

安装过程中勾选"Add Python 3.10 to PATH"复选框(见图 1.4),该选项允许安装程序时自动注册 PATH 环境变量,方便以后启动 Python 的各种工具。其中:选择"Install Now",则为按默认路径安装;而选择"Customize installation",则为自定义安装路径和选择模块。(见图 1.5)在接下来的安装界面中点击"Next",直至安装完成。

安装成功之后在"开始"菜单下会显示 3 个程序:IDLE,Python 3.10,Python 3.10 Module Docs。(见图 1.6)

在其中选择 Python 3.10(64-bit),打开如图 1.7 所示的界面。

用户打开编辑器,在控制台的命令提示符">>>"后输入"import sys",按下 Enter 键就可以加载 Python 的基本库文件。再输入查看 Python 版本信息的命令,即"print(sys.

图 1.4 安装程序 1

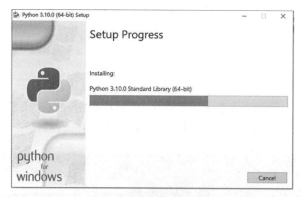

图 1.5 安装过程 2

图 1.6 Python 菜单显示

图 1.7 Python 编辑器

version)",如图 1.8(a)所示。

若要退出 Python 环境,在命令提示符后输入"quit()"或"exit()",再按下回车键即可。

当然,更为直接的查看版本的方式是用户打开命令提示符窗口(Win + R,输入 cmd 并按回车键),在命令提示符下输入"python -V"或者输入"python --version",查看 Python 版本号,如图 1.8(b)所示。

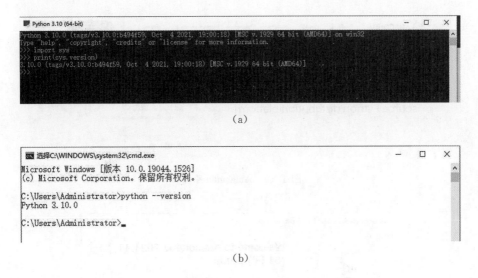

（a）

（b）

图 1.8　Python 版本

1.2.2　集成开发环境

编译 Python 的开发环境较多,但广泛使用的是 PyCharm 和 Anaconda 开发环境。本书采用集成的 Anaconda 开发环境来对程序进行编译。从 Python 官网 https://www. python. org/download/alternatives/下载 Anaconda,选用"Anaconda Python"软件,进行 Python 开发环境的安装,如图 1.9 所示。

Other parties have re-packaged CPython. These re-packagings often include more libraries or are specialized for a particular application:

- ActiveState ActivePython (commercial and community versions, including scientific computing modules)

- pythonxy (Scientific-oriented Python Distribution based on Qt and Spyder)

- winpython (WinPython is a portable scientific Python distribution for Windows)

- Conceptive Python SDK (targets business, desktop and database applications)

- Enthought Canopy (a commercial distribution for scientific computing)

- PyIMSL Studio (a commercial distribution for numerical analysis – free for non-commercial use)

- Anaconda Python (a full Python distribution for data management, analysis and visualization of large data sets)

- eGenix PyRun (a portable Python runtime, complete with stdlib, frozen into a single 3.5MB - 13MB executable file)

图 1.9　Anaconda 下载

也可以直接从开源的 Anaconda 平台（https://www. anaconda. com/products/distribution）中下载最新的 Anaconda 开发环境,如图 1.10 所示。Anaconda 是一个开源的 Python 发行版本,用来管理 Python 相关的包,安装 Anaconda 可以很方便地切换不同的环境,使用不同的深度学习框架开发项目。下面就 Anaconda 安装做详细介绍。

登录官网,下载 Anaconda distribution,完成后生成对应的. exe 文件,双击执行,进行安装。安装过程相对比较简单,其中设置好 Anaconda 的安装路径,然后点击"Next"完成。

步骤一:双击"Anaconda3. exe",打开安装界面,点击"Next"进行下一步安装,如图 1.11 所示。

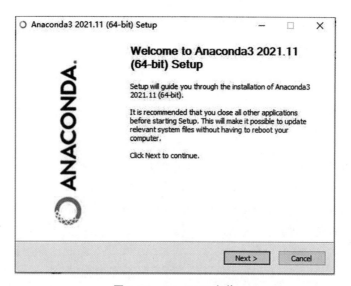

图 1.10 Anaconda 平台

图 1.11 Anaconda 安装

步骤二:在下一界面中点击"I Agree"后,进行用户选择,可以选择"Just Me"或"All Users",如图 1.12 所示。

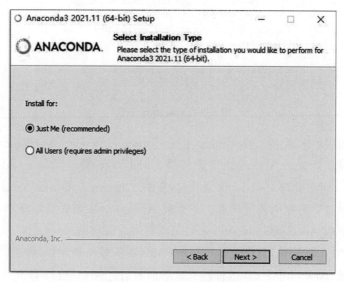

图 1.12 Anaconda 用户选择

步骤三：在设置 Anaconda 的安装路径界面中，路径名称最好为全英文，随后点击"Next"，如图 1.13 所示。

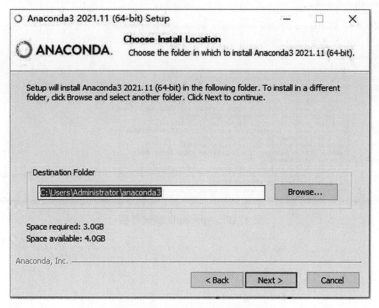

图 1.13　Anaconda 路径设定

步骤四：在图 1.14 中的两个复选框均打钩之后点击"Install"，其中第一个打钩的地方可以自动添加环境变量，不用再手动添加，可以省去很多麻烦。

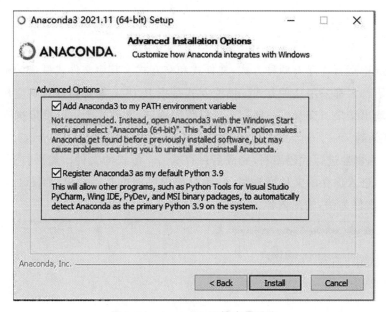

图 1.14　Anaconda 环境变量设定

这里等待稍许片刻，最终选择"Finish"按钮，完成整个安装过程。接下来，对安装软件进行测试，查看 Anaconda 是否安装配置成功。使用 WIN＋R 键调出运行窗口，输入 cmd 后回车，在命令提示符界面输入 conda 命令查看是否安装成功。如出现图 1.15 所示的界面表示安装成功，同时也可以输入"conda －V"命令查看当前 Anaconda 版本。

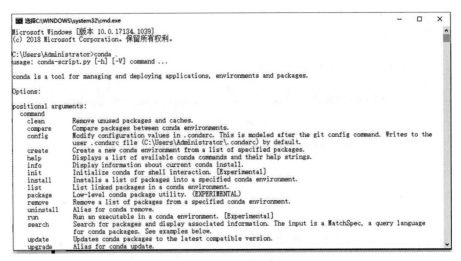

图 1.15　Anaconda 测试界面

1.3　Python 基本运行

本节是 Python 基本运行,了解 Python 的基本输入和基本输出。在这里首先使用 Python 解释器进行第一个程序的运行,再使用 Anaconda 中的 jupyter notebook 运行 Python 第一个实例,这里推荐使用 Anaconda 平台运行程序,后面的 Python 例题也都采用这个平台进行。

1.3.1　Python 解释器

在 Python 中运行程序有两种方式:文件式和交互式。其中文件式是最为常见的编程方式,其他编程语言大都采用这种方式。而交互式是指 Python 解释器即时响应用户输入的每条代码,给出输出结果。交互式一般用于少量代码调试,文件式则可以批量执行。

1)文件式运行

使用任意编辑器进行代码编写,完成后保存为.py 形式的文件。然后打开 Windows 命令提示符窗口,进入保存的文件所在目录,运行该程序即可获得输出,如图 1.16 所示。(这里以 hello.py 文件为例,输出内容为"hello world"。)

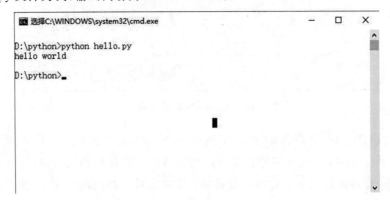

图 1.16　文件式运行

2)交互式运行

通过安装的 IDLE 来启动 Python 运行环境。IDLE 是 Python 软件包自带的集成开发环境,可以在 Windows"开始"菜单中搜索到关键字"IDLE"。图 1.17 展示了 IDLE 环境中运行 hello world 程序的效果。

```
IDLE Shell 3.10.0                                              —   □   ×
File  Edit  Shell  Debug  Options  Window  Help
    Python 3.10.0 (tags/v3.10.0:b494f59, Oct  4 2021, 19:00:18) [MSC v.1929 64 bit (AMD64)] on win32
    Type "help", "copyright", "credits" or "license()" for more information.
>>> print("hello world")
    hello world
>>>
```

图 1.17 交互式运行

1.3.2 Anaconda 平台

在 Anaconda 安装成功之后在"开始"菜单下会显示 Anaconda 的程序,如图 1.18 所示。选中"Jupyter Notebook(Anaconda3)",打开 Anaconda 平台。

图 1.18 Anaconda 程序

Anaconda 平台使用 jupyter notebook。jupyter notebook 是一个在线编辑器,可以在网页上编辑程序,在编辑的过程中,每次编辑一行代码就可以运行一行代码,运行的结果也可以显示在代码的下方,方便查看。当所有的程序编写和运行完毕之后,还可以直接把编辑和运行之后的所有信息保存在文件中。打开 jupyter notebook 平台,在右侧点击"New",新建一个 Python 文件,如图 1.19 所示。

点击"Python 3",新建一个页面,在程序编辑框进行编辑,如图 1.20 所示。

用户在编辑框中输入"import sys",换行之后输入"print(sys. version)",再点击运行按钮,即可查看版本信息,如图 1.21 所示。

为了说明 Python 语言程序结构,下面先看两个简单的 Python 程序示例以及在 jupyter

图 1.19   jupyter notebook

图 1.20   程序编辑框

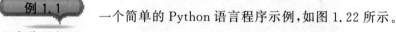

图 1.21   jupyter 版本查看

notebook 中输出的结果。

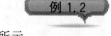

例 1.1   一个简单的 Python 语言程序示例,如图 1.22 所示。

程序代码如下:

```
print ("Hello, Python!")
```

程序运行结果:

```
Hello, Python!
```

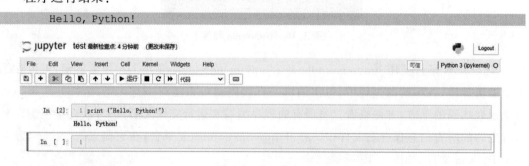

图 1.22   程序展示 1

例 1.2   由用户输入两个整数,程序执行后输出其中较大的数,如图 1.23
所示。

程序代码如下：

```
print("请输入两个数 x,y:")
x=input()      #input 是输入函数,输入 x 的数值
y=input()      #输入 y 的数值
if x> y:
    print("较大值 x=",x)
else:
    print("较大值 y=",y)
```

程序运行结果：

```
请输入两个数 x,y:
3
5
较大值 y= 5
```

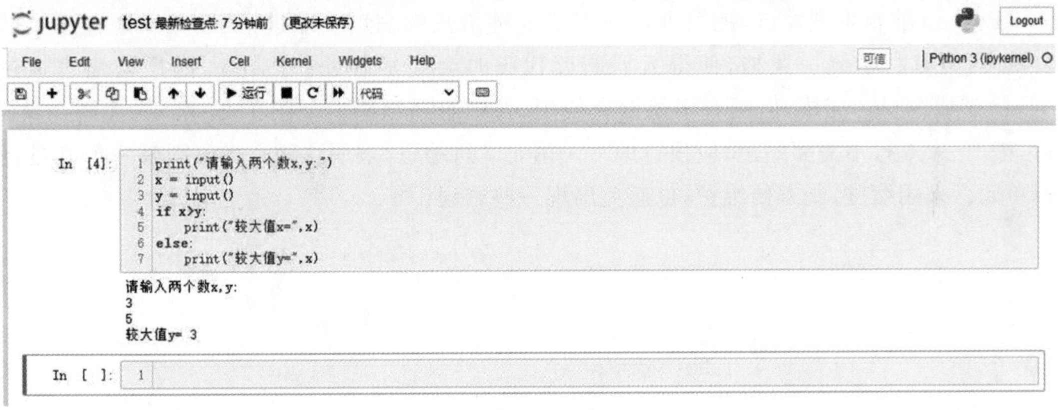

图 1.23　程序展示 2

课 程 思 政

在几何中,已知三边边长可以求三角形的面积。这个公式一般称为海伦公式。其实我国南宋的数学家秦九韶提出过"三斜求积术",它与海伦公式基本一样。秦九韶是用语言叙述的相关公式:以小斜幂,并大斜幂,减中斜幂,余半之,自乘于上;以小斜幂乘大斜幂,减上,余四约之,为实;一为从隅,开平方得积。读者可以从语句中体会到我国古代数学的魅力和取得的辉煌成就。

例题 1.3　　运用海伦公式来求解三角形面积。

```
print("Triangle Area Calculator")
a=float(input("Value of side A:"))
b=float(input("Value of side B:"))
c=float(input("Value of side C:"))
s=(a+b+c)/2
area=(s* (s-a)* (s-b)* (s-c))
print("Triangle area:",area)
```

程序运行结果：

```
Triangle Area Calculator
Value of side A:3
Value of side B:4
Value of side C:5
Triangle area:36.0
```

1.4 初识 Python 程序

从上节的例子可以看到一个 Python 语言程序的基本结构。在该结构中有基本的输入输出语句和基本的语法结构。

1.4.1 缩进对齐

Python 非常重视缩进，把缩进提升到了一种语法的高度。缩进，虽然减少了程序员的自由度，但有利于统一风格，使得人们阅读代码时会更加轻松。Python 的严格缩进通过"Tab"键或"空格"完成，但两者不能混合使用，否则容易出错。如图 1.24 所示，代码一共 7 行，第 1～4、6 行不需要缩进，应顶行编写。第 5、7 行缩进，表明这两行代码同属一个 if 的逻辑单元。采用缩进，既方便维护，也避免出现一些错误。

```
In  [5]:  1  print("请输入两个数x,y:")
          2  x = input() #input是输入函数
          3  y = input()
          4  if x>y:
          5      print("较大值x=", x)
          6  else:
          7      print("较大值y=", x)
          8

请输入两个数x,y:
3
2
较大值x= 3
```

图 1.24 程序缩进分析

1.4.2 Python 注释

注释是程序员在代码中加入一行或多行信息，用于对语句、函数、方法等进行解释说明，以提升代码的可读性。如图 1.24 所示，在第 2 行添加了注释，这样便于程序员对代码的阅读。程序中单行注释使用"#"开头，注释可以写在语句的末尾，也可以单独一行，多行注释可以使用三引号'''。添加注释后，注释语句不被编译器或解释器执行，而代码非注释语句将按顺序执行。注释主要有 3 个用途：

（1）标注代码功能和相关信息；

（2）解释代码原理；

（3）辅助程序调试。

1.4.3 基本输入和输出

1. 基本输入

在 Python 中可以使用 input 函数进行基本输入。input() 函数接收一个标准输入数据，返回为 string 类型。它的一般格式为：

```
Var=input(< 提示符> )
```

例如下面代码：

```
print("请输入姓名:")
name=input() #从键盘输入值
print("姓名为",name,"的同学")
```

从键盘上输入 name 的值，得到输出结果。图 1.25 展示了程序运行的过程和结果。

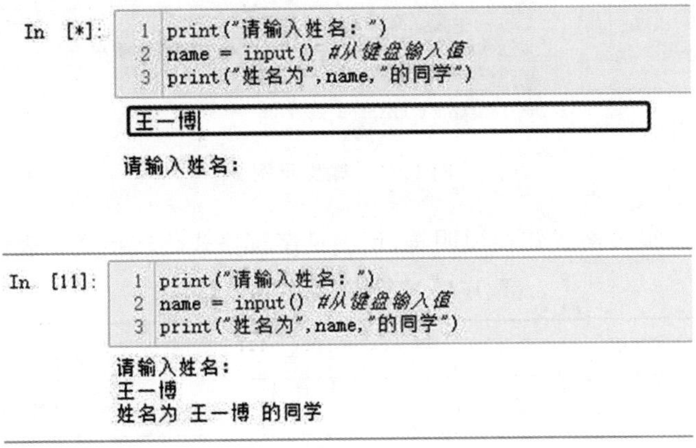

图 1.25　基本输入示例

2. 基本输出

print() 是 Python 标准函数库中的基本输出函数，其重要功能是在控制台输出信息，下面介绍常见的输出形式。

1）标准输出

print() 函数将输入内容直接输出。print() 函数可以输出整型、浮点型和字符型数据。示例代码如下：

```
print(1) #输出整型数据
print(3.14) #输出浮点型数据
print("hello world") #输出字符型数据
```

程序运行结果如图 1.26 所示。

2）格式化输出

print() 函数可以将变量与字符串组合，按照一定格式输出组合后的字符串。与 C 语言类似，可以实现格式化输出。我们看一个简单的示例：

Python 程序设计与数据分析

```
In [5]:  1 print(1)#输出整型数据
         2 print(3.14)#输出浮点型数据
         3 print("hello world")#输出字符型数据
1
3.14
hello world
```

图 1.26　输出示例 1

```
s='chizhou'
x=len(s)        #len 表示计算字符串 s 的长度
print('The length of % s is % d' % (s,x))
```

以上代码中 print 函数的内容由 3 部分构成。其中'The length of %s is %d'这部分表示格式字符串;(s,x) 这部分表示转换说明符;% 字符表示标记转换说明符。程序运行结果如图 1.27 所示。

```
In [6]:  1 s='chizhou'
         2 x=len(s) ——— #len表示计算字符串s的长度
         3 print('The length of %s is %d' %(s,x))
The length of chizhou is 7
```

图 1.27　输出示例 2

在 Python 中有很多格式转换说明符,请参见字符格式化转换类型表(见表 1.2)。

表 1.2　字符格式化转换类型表

格式	描述
%d	有符号的整数
%s	字符串
%c	字符及 ASCII 码
%o	无符号八进制整数
%x/%X	符号十六进制整数
%e/%E	浮点数,科学计数法
%f	浮点数

Python 语言提供了两种字符串格式化的方法,一种是使用 % 操作符(即上面所列举的),另一种是使用 str.format()方法。其中 str.format()方法在大多数情况下与 % 操作符类似,只是使用 { } 取代 %,支持更多功能。调用该方法的字符串可以包含字符串字面值或者花括号括起来的替换域,返回的字符串副本中每个替换域都会被替换成对应参数的字符串值。请看示例:

```
print("{0} {1}".format("hello", "world")) #设置指定位置
print("{:.2f}".format(3.1415926))#输出格式化数字 2 位小数
```

在第一个 print()函数中,{0}将被"hello"替换,{1}将被"world"替换,所以输出的值为 hello world。在第二个 print()函数中,{:.2f}将被 3.1415926 替换,只是由于设定了小数位

数为 2,所以在替换时只保留 2 位小数,输出的结果为 3.14。

运行结果如图 1.28 所示。

```
In [13]:    1  print("{0} {1}".format("hello", "world")) # 设置指定位置
            2  print("{:.2f}".format(3.1415926))#输出格式化数字2位小数

hello world
3.14
```

图 1.28 输出示例 3

最后 print()函数默认是换行的,如果想不换行,需要写成这样的形式:print(x,end='')。

本 章 小 结

本章首先介绍了 Python 语言的发展史、特点和应用领域,之后介绍了 Python 的安装和开发环境、运行 Python 程序的方式,最后简单介绍了 Python 的基本编写方式。通过本章的学习,希望读者熟练搭建 Python 的安装和开发环境,熟悉 Python 程序的基本编写。

习 题 1

一、选择题

1.关于 input()函数与 print()函数的说法中,下列描述错误的是(　　　)。

A. input()函数可以接收使用者输入的数据

B. input()函数会返回一个字符串类型数据

C. print()函数可以输出任何类型的数据

D. print()函数输出的数据不支持换行操作

2.下列关于 Python 命名规范的说法中描述错误的是(　　　)。

A. 模块名、包名应简短且全为小写

B. 类名首字母一般使用大写

C. 常量通常使用全大写命名

D. 函数名中不可使用下划线

3.Python 源程序的扩展名为(　　　)。

A. py　　　　　　B. c　　　　　　C. python　　　　　　D. ipynb

二、简答题和编程题

1.请简述 Python 的特点。

2.简述 Python 标识符的命名规则。

3.请使用 Python 中的 print()函数输出 I'm from China.

4.请采用简便的方式输出如下线条:

————＊————＊————＊————＊————＊————＊————＊————＊————＊————＊————

——＊

第 2 章

Python基本
数据类型

标识符与关键字

标识符是一种标识变量、常量、函数、类等对象构成的单位符号,主要用于程序结构的定义及特殊值的使用。标识符是用户编程时使用的名字,是开发人员在程序中自定义的符号和名称,使代码的可读性、执行性更好。

Python 的标识符命名规则和 C 语言的标识符命名规则相似,需遵守下面的规则:

- 标识符由字母(大写或小写字母)、数字和下划线组合,首字母不能是数字。
- 标识符不能包含除_(下划线)以外的任何特殊字符。
- 标识符不能使用关键字。
- 标识符对大小写有区分。
- 标识符命名尽量符合见名知义原则。

以下是合法的标识符:

number、name1、_str2,_str3、age_1

注意:Python 标识符中"number"和"Number"是两个不同的标识符。

关键字是 Python 中使用的特殊功能的标识符。关键字是 Python 语言已经使用了的,开发者自己定义的标识符不能和关键字使用相同的名称。例如 if 是关键字,所以开发者不能自定义 if 作为标识符。在 Jupyter 平台的命令行中输入 help 命令,进入帮助系统后输入keywords 命令,即可查看包含的关键字信息,如图 2.1 所示。

```
In [*]: help()

Welcome to Python 3.8's help utility!

If this is your first time using Python, you should definitely check out
the tutorial on the Internet at https://docs.python.org/3.8/tutorial/.

Enter the name of any module, keyword, or topic to get help on writing
Python programs and using Python modules.  To quit this help utility and
return to the interpreter, just type "quit".

To get a list of available modules, keywords, symbols, or topics, type
"modules", "keywords", "symbols", or "topics".  Each module also comes
with a one-line summary of what it does; to list the modules whose name
or summary contain a given string such as "spam", type "modules spam".

help> keywords

Here is a list of the Python keywords.  Enter any keyword to get more help.

False               class               from                or
None                continue            global              pass
True                def                 if                  raise
and                 del                 import              return
as                  elif                in                  try
assert              else                is                  while
async               except              lambda              with
await               finally             nonlocal            yield
break               for                 not

help>
```

图 2.1 关键字

通过 help 命令可以查询到 35 个关键字信息。在这里就不再对每一个关键字做说明了，读者可以自行对这些关键字进行详细了解。

2.2 数据类型

Python 3 中有 6 个标准的数据类型：Number（数值）、String（字符串）、List（列表）、Tuple（元组）、Dictionary（字典）、Set（集合）。它们可以分成两大类：数值类型和组合类型。其中数值类型有整型、浮点型、布尔型和复数类型。组合类型有字符串、列表、元组、字典和集合。这里对组合类型做简单描述，后面第 5 章会对 Python 的组合类型做详细说明。

2.2.1 数值类型

数值是自然界计数活动的抽象，更是数值运算和推理表示的基础。计算机对数值的识别和处理有两个基本要求：确定性和高效性。表示数值的数据类型称为数值类型。Python 提供了 4 种数值类型。

(1)整型：类似一1,2,5 这样的数据称为整型数据，有时也称"整数"。

(2)浮点型：类似 3.14,0.9,9.3 这样的数据称为浮点型数据。

(3)布尔型：True 和 False。

(4)复数类型：类似 3+4j,8+2.2j 这样的数据称为复数类型数据，简称"复数"。

2.2.2 组合类型

1. 字符串

字符串是字符的序列。Python 中的字符串常量用单引号、双引号和三引号括起来。其中三引号可以是三个单引号或者三个双引号，主要用于多行字符串的边界。另外三引号括起来的串可以作为 Python 程序的注释。类似"hello world"，'cat'这样的数据，由多个字符和使用单或双引号标注构成的集合。

如下程序所示：

```
var1='Hello World! '
var2="Pythonstudy"
print "var1[0]: ", var1[0]
print "var2[1:5]: ", var2[1:5]
```

程序运行结果：

```
var1[0]:  H
var2[1:5]:   ytho
```

字符串可以进行截取并与其他字符串进行连接。

如下程序所示：

```
var1='Hello World! '
print "输出 :", var1[:6] +'python! '
```

程序运行结果：

```
输出 : Hello python!
```

在字符串操作中，有一系列运算符，见表 2.1：

表 2.1 字符串运算符

操　作　符	描　　述
＋	字符串连接
＊	重复输出字符串
[]	通过索引获取字符串中的字符
[:]	截取字符串中的一部分
in	成员运算符－，如果字符串中包含给定的字符，返回 True
not in	成员运算符－，如果字符串中不包含给定的字符，返回 True
r/R	原始字符串－。原始字符串：所有的字符串都是直接按照字面的意思来使用的，没有转义特殊或不能打印的字符。原始字符串除在字符串的第一个引号前加上字母"r"(可以大小写)以外，与普通字符串有着几乎完全相同的语法
％	格式字符串

Python 中三引号可以对复杂的字符串进行赋值。Python 三引号允许一个字符串跨多行，字符串中可以包含换行符、制表符以及其他特殊字符。三引号的语法是一对连续的单引号或者双引号(通常都是成对使用)。

2. 列表

列表用方括号"[ ]"标识，各元素之间使用英文逗号分隔。列表是一个可变的序列，它不受长度的限制，可以包含任意多个元素。列表的长度和元素都是可变的，开发人员可以自由地对列表的数据进行各种操作，包括添加、删除、修改元素。同一列表元素的类型不限，可以是数值型、字符串型、逻辑型。

如下程序所示：

```
list1=[13,'Tom','李四']
list2=['Tom', 'LiSi', 1997, 2000]
list3=[1, 2, 3, 4, 5 ]
list4=["a", "b", "c", "d"]
```

访问列表的值，采用下标索引或者方括号的截取：

```
print("list1[0]: ", list1[2])
print("list2[1]: ", list2[1])
print("list3[0:5]: ", list3[0:5])
print("list4[0:2]: ", list4[0:2])
```

程序运行结果为：

```
list1[0]:李四
list2[1]:LiSi
list3[0:5]:  [1, 2, 3, 4, 5]
list4[0:2]:  ['a', 'b']
```

3. 元组

元组用"( )"作为标识符。元组与列表相似，是由 n 个不同元素组成的集合。它的元素不可变,相当于一个只读的列表。

如下程序所示:

```
tuple1=(13,'Tom','李四')
tuple2=(1,2,3)
tuple3=('a','b','c')
print(tuple1)
print(tuple2)
print(tuple3)
```

程序运行结果为:

```
(13, 'Tom', '李四')
(1, 2, 3)
('a', 'b', 'c')
```

虽然元组中的元素是不允许修改的,这是元组的特性决定的,但可以对元组连接组合来赋予新的元组。

如下程序所示:

```
tuple4=tuple1+tuple2+tuple3   #"+"用于元组组合
print(tuple4)
```

程序运行结果为:

```
(13, 'Tom', '李四', 1, 2, 3, 'a', 'b', 'c')
```

4. 字典

字典用大括号{}标识,是由 n 个键值对组成的集合。字典的每个键值由 key 和 value 组成,用冒号分隔,每个对之间用逗号(,)分隔,整个字典包括在花括号 {} 中。其中键必须是唯一的,如字符串、数字。值可以取任何数据类型,同时值不必唯一。字典也是 Python 语言核心对象集合中的唯一的一种映射类型,具有可变性,可以随着需求增大或减少。

字典类型可以理解为一种映射,而映射是一种键和值的对应。

如下程序所示:

```
dict={'Name':'张三', 'Age':17, 'Class':'First'}
print ("Name: ",dict['Name'])
print ("Age: ",dict['Age'])
```

程序运行结果为:

```
Name:张三
Age:  17
```

通过键访问值使用的是方括号语法,就像前面介绍的列表和元组一样,只是此时在方括号中放的是键,而不是列表或元组中的索引。字典中键是它的关键,字典的键就相当于它的索引,只不过这些索引不一定是整数类型,字典的键可以是任意不可变类型。此外,列表的索引总是从 0 开始、连续增大的,但字典的键不需要从 0 开始,而且不需要连续。列表不允许对不存在的索引赋值,但字典则允许直接对不存在的键赋值,这样就会为字典增加一个键值对。

5. 集合

集合用"{}"作为标识符,类似于前面讲到的字典,都是不可重复的。但是集合只有键,没有相应的值。同时要注意集合是不可变的。

如下程序所示：

```
set1={1,2,3}
set2={"大海","蓝天","帆船"}
set3={1,1,2,2,3,3}            #集合中有相同元素,会自动删除重复值
print(set1)
print(set2)
print(set3)
```

程序运行结果为：

```
{1, 2, 3}
{'帆船', '大海', '蓝天'}
{1, 2, 3}
```

2.3　常量与变量

常量：在程序运行过程中，值不会发生改变的量。常量类似于变量，区别在于常量的值一旦设定就不能改变，而变量的值可以随意更改。例如：123，3.14，True，'student'分别指整型、浮点型、布尔型、字符串常量。

变量：在程序运行过程中，值可以发生改变的量。在 Python 中变量赋值不需要类型声明，所以每个变量在使用前都必须赋值，变量被赋值后该变量才会被创建，其中用等号＝来给变量赋值。

Python 变量命名的规则：
- 变量名应该通俗易懂，方便理解；
- 变量名应该采用标识符的命名规则；
- 变量名不能使用关键字来命名；
- 变量名区分大小写。

要注意：在 Python 命名中需要将名字和对象关联起来，名字是对象的引用，而不是对象本身，相当于保存指向内存的指针。所以 Python 中的变量并不存放对应的数值，而是引用对应的数值。在 Python 中有一个内置函数 id()，它会显示该对象的地址。

可以一次对多个变量进行同时赋值，如下程序所示：

```
a=b=c=2        #将 a,b,c 三个变量指向同一个对象 2
x,y,z =1,2,'student'        #将 1,2,'student'分别赋给变量 x,y 和 z
```

同时在 Python 中，它的语法较其他语言使用更为灵活。例如进行两个变量值的交换操作，只需要一条语句就可以实现。如下程序所示：

```
x=3
y=5
x,y=y,x
```

2.4　运算符和表达式

Python 中的运算符主要分为算术运算符、比较（关系）运算符、赋值运算符、逻辑运算

符、位运算符、成员运算符和身份运算符共 7 大类,运算符之间也是有优先级的。下面对运算符进行具体介绍。

2.4.1　运算符的优先级

运算符由 7 大类构成,如表 2.2 所示。

表 2.2　运算符

运　算　符	描　　述
＋　－　＊　／　％　＊＊　／／	算术运算符
＝＝　！＝　＜＞　＞　＜　＞＝　＜＝	比较运算符
＝　＋＝　－＝　＊＝　／＝　％＝　＊＊＝　／／＝	赋值运算符
＆　｜　＾　～　＜＜　＞＞	位运算符
in　　not in	成员运算符
is　　is not	身份运算符
and　or　　not	逻辑运算符

接下来对运算符进行整体比较,按照运算符的优先级从高到低排序,如表 2.3 所示。

表 2.3　运算符优先级

运　算　符	描　　述
＊＊	幂
～	按位"取反"
＊、/、％、//	乘、除、取模、取整除
＋、－	加、减
＞＞、＜＜	右移、左移
＆	按位"与"
＾、｜	按位"异或"、按位"或"
＜＝、＜、＞、＞＝	比较运算符
＝＝、！＝	等于、不等于
＝、％＝、/＝、//＝、－＝、＋＝、＊＝、＊＊＝	赋值运算符
is、is not	身份运算符
in、not in	成员运算符
and、or、not	逻辑运算符

2.4.2　算术运算符

算术运算符是 Python 中最常用的运算符之一。Python 的算术运算符共有 7 个,详见

表 2.4。

表 2.4 Python 的算术运算符

运 算 符	描 述
+	两个数相加,或是字符串连接
−	两个数相减
*	两个数相乘,或是返回一个重复若干次的字符串
/	两个数相除,结果为浮点数(小数)
//	两个数相除,结果为向下取整的整数
%	取模,返回两个数相除的余数
**	幂运算,返回乘方结果

表 2.4 中"+","−","*","/"运算符的使用方法跟数学上的基本一致,需要注意 Python 中的"/"运算返回值都是浮点数,即使是两个能被整除的数参加运算。运算符示例如下:

```
>>> 50/2   #两个整数参加运算,返回值是浮点数
25.0
```

"%","**","//"运算符示例如下:

```
>>> 5%2    #求余数
1
>>> 5**2   #幂运算
25
>>> 7//2   #向下取整
3
>>> -7//2  #向下取整
-4
```

2.4.3 比较运算符

比较运算符也称关系运算符,主要用于分支和循环结构之中,返回结果为布尔型数据 True 和 False。Python 的比较运算符共 6 个,详见表 2.5。

表 2.5 Python 的比较运算符

运 算 符	描 述
==	比较两个对象是否相等
!=	比较两个对象是否不相等
>	大小比较,例如 x>y 将比较 x 和 y 的大小,如 x 比 y 大,返回 True,否则返回 False
<	大小比较,例如 x<y 将比较 x 和 y 的大小,如 x 比 y 小,返回 True,否则返回 False

运　算　符	描　　述
>=	大小比较,例如 x>=y 将比较 x 和 y 的大小,如 x 大于等于 y,返回 True,否则返回 False
<=	大小比较,例如 x<=y 将比较 x 和 y 的大小,如 x 小于等于 y,返回 True,否则返回 False

运算符示例如下:

```
a=1
b=2
print(a> b)
print(a==b)
print(a! =b)
```

运行结果:

```
False
False
True
```

2.4.4　赋值运算符

赋值运算符是给变量赋值的运算符,它不仅有"="赋值运算符,还包含复合的赋值运算符。Python 的赋值运算符共 8 个,详见表 2.6。

表 2.6　Python 的赋值运算符

运　算　符	描　　述
=	常规赋值运算符,将运算结果赋值给变量
+=	加法赋值运算符,例如 a+=b 等效于 a=a+b
-=	减法赋值运算符,例如 a-=b 等效于 a=a-b
*=	乘法赋值运算符,例如 a*=b 等效于 a=a*b
/=	除法赋值运算符,例如 a/=b 等效于 a=a/b
%=	取模赋值运算符,例如 a%=b 等效于 a=a%b
**=	幂运算赋值运算符,例如 a**=b 等效于 a=a**b
//=	取整除赋值运算符,例如 a//=b 等效于 a=a//b

运算符示例如下:

```
x=y=123
print(x)
print(y)
```

```
i = 1
i += 3
print(i)
i * = 2
print(i)
```

运行结果:

```
123
123

4
8
```

2.4.5 位运算符

位运算把数字当作二进制来运算。Python 的位运算符共 6 个,详见表 2.7。

表 2.7　**Python** 的位运算符

运　算　符	描　　述
&	按位"与"运算符:参与运算的两个值,如果两个相应位都为 1,则结果为 1,否则为 0
|	按位"或"运算符:只要对应的两个二进制位有一个为 1,结果就为 1
^	按位"异或"运算符:当两个对应的二进制位相异时,结果为 1
~	按位"取反"运算符:对数据的每个二进制位取反,即把 1 变为 0,把 0 变为 1
<<	"左移动"运算符:运算数的各二进制位全部左移若干位,由"<<"右边的数指定移动的位数,高位丢弃,低位补 0
>>	"右移动"运算符:运算数的各二进制位全部右移若干位,由">>"右边的数指定移动的位数

运算符示例如下:

```
a = 1
a < < 2       #"左移动"运算符
```

运行结果:

```
4
```

2.4.6 成员运算符

成员运算符主要用于判断一个值是否包含在某个字符串、列表和元组之中。Python 的成员运算符共 2 个,详见表 2.8。

表 2.8　Python 的成员运算符

运　算　符	描　　述
in	当在指定的序列中找到值时返回 True,否则返回 False
not in	当在指定的序列中没有找到值时返回 True,否则返回 False

运算符示例如下:

```
a="welcome beijing"
b="bei"
b in a
```

运行结果:

```
True
```

2.4.7　身份运算符

身份运算符主要用于判断两个标识符是否引用同一个对象。Python 的赋值运算符共 2 个,详见表 2.9。

表 2.9　Python 的身份运算符

运　算　符	描　　述
is	判断两个标识符是否引用自同一个对象,若引用的是同一个对象,则返回 True,否则返回 False
is not	判断两个标识符是不是引用自不同对象,若引用的不是同一个对象,则返回 True,否则返回 False

运算符示例如下:

```
a=3
b=3
print(id(a))          #输出 a 的存储地址
print(id(b))
a is b                #判断 a 和 b 是否指向同一个存储地址
```

运行结果:

```
1889376233840
1889376233840

True
```

2.4.8　逻辑运算符

逻辑运算符主要用于布尔型数据的运算。Python 的逻辑运算符共 3 个,详见表 2.10。

表 2.10　Python 的逻辑运算符

运　算　符	描　　述
and	布尔"与"运算符,返回两个变量"与"运算的结果

续表

运　算　符	描　　述
or	布尔"或"运算符,返回两个变量"或"运算的结果
not	布尔"非"运算符,返回对变量"非"运算的结果

运算符示例如下:

```
1 and 2
1 or 2
not 0        #要注意 0 表示 False
not 2        #非 0 数表示 True
```

运行结果:

```
2
1
True
False
```

2.4.9　表达式

　　表达式是可以计算的代码片段,由操作数和运算符构成。使用运算符将不同类型的数据按照一定的规则连接起来的式子,称为表达式。表达式通过运算后产生运算结果,返回结果对象。运算结果对象的类型由操作数和运算符共同决定。

　　在表达式中出现多种运算符,所以表达式是有优先级的。它的运算顺序为:先算术,后关系,再逻辑。这里列举 Python 的数学表达式,见表 2.11。

表 2.11　Python 数学表达式

数学表达式	Python 数学表达式
$x=\dfrac{-b\pm\sqrt{b^2-4ac}}{2a}$	x=(-b-(b**2-4*a*c)**0.5)/(2*a)
$3<x\leqslant5$	x>3 and x<=5
$3^3+6\div3$	3**3+6/3
x 和 y 其中一个大于 1	x>1 or y>1

　　在表达式中有运算符和操作数,运算符包括算术运算符、比较(关系)运算符等,操作数包括文本常量、变量、类的成员等,也可以嵌入子表达式。所以表达式可以是非常简单的,也可以是非常复杂的。

 表达式示例:

```
>>> a=2;b=10
>>> a+b        #表达式 a+b
```

```
>>> #复杂的表达式 2sin 1/2 (a+b) cos 1/2 (a-b)
>>> 2* math.sin(1/2* (a+b))* math.cos(1/2* (a-b))#math 是 Python 自带的标
准库
```

Python 表达式遵循下列书写规则：

- 表达式从左到右在同一个基准上书写。
- 乘号不能省略。
- 括号必须成对出现，而且只能使用圆括号，圆括号可以嵌套使用。

2.5 内置函数

Python 解释器自带的函数叫作内置函数，这些函数可以直接使用，不需要导入某个模块。Python 3 中有 60 多个内置函数，调用这些内置函数，会大大减少程序代码的编写工作。

内置函数分类：

- 数学运算(7 个)；
- 类型转换(24 个)；
- 序列操作(8 个)；
- 对象操作(7 个)；
- 反射操作(8 个)；
- 变量操作(2 个)；
- 交互操作(2 个)；
- 文件操作(1 个)；
- 编译执行(4 个)；
- 装饰器(3 个)。

表 2.12 给出了一些常见的内置函数。

表 2.12 常用内置函数

函数名	功　　能	举　　例
abs()	abs() 函数返回数字的绝对值	abs(−45)♯结果为 45
input()	input() 函数接收一个标准输入数据	a＝input("input:")♯从键盘输入数据
round()	round() 方法返回浮点数 x 的四舍五入值	round(80.23456,2)♯结果为 80.23
int()	int() 函数用于将一个字符串或数字转换为整型	int(3.6)♯结果为 3
str()	str() 函数返回一个对象的字符串	str("abc")♯结果为"abc"
type()	type()返回对象的类型，或者根据传入的参数创建一个新的类型	type('root')♯返回＜type 'str'＞
sum()	sum()方法对元素类型是数值的可迭代对象中的每个元素求和	sum((1,2,3,4))♯结果为 10

续表

函 数 名	功　　　能	举　　　例
pow()	pow()方法返回 x^y（x 的 y 次方）的值	pow(2,3)＃结果为 8
len()	len()方法返回对象（字符、列表、元组等）长度或项目个数	len(' abcd')＃返回字符串长度
range()	range()函数可创建一个整数列表，一般用在 for 循环中	range(10)＃返回[0，1，2，3，4，5，6，7，8，9]
min()	min()方法返回给定参数的最小值，参数可以为序列	min(80，100，1000)＃结果为 80
max()	max()方法返回给定参数的最大值，参数可以为序列	max(80，100，1000)＃结果为 1000
sorted()	sorted()函数对所有可迭代的对象进行排序操作	a＝[5,7,6,3,4,1,2]sorted(a)＃结果为[1，2，3，4，5，6，7]

课 程 思 政

"合抱之木，生于毫末；九层之台，起于累土；千里之行，始于足下"。每天进步一点，就可以看到努力的力量。业精于勤，荒于嬉，养成每天多学习一点、多练习一点的主动学习习惯。

这里使用 pow()实例来介绍一下它的使用情况，进一步了解内置函数的使用。

 例题 2.2　　求(1＋0.001)的 365 次方和(1－0.001)的 365 次方。

```
x1＝(1+0.001)
x2＝(1-0.001)
y＝365
#使用内置函数 pow()
a＝pow(x1,y)
b＝pow(x2,y)
print("每天进步一点,365 天之后的数值:",a)
print("每天退步一点,365 天之后的数值:",b)
```

程序运行结果：

```
每天进步一点,365 天之后的数值: 1.4402513134295205
每天退步一点,365 天之后的数值: 0.6940698870404745
```

通过程序运行结果，进一步分析出每天多努力一点的力量在时间的加持下会有多大的差别。

2.6　Python 库

Python 提供了很多第三方库。Python 提供了安装库的工具 pip 和 pip3。找到 Python 安装目录，在命令行窗口输入：

```
pip install 库名
```

或者

```
pip3 install 库名
```

就可以安装了。在图 2.2 中举例安装一个 numpy 的扩展程序库,numpy 针对数组运算提供了大量常用于科学计算领域的数学函数库,主要包括 N 维数组对象、线性代数、傅里叶变换、随机数生成等相关函数。

```
C:\WINDOWS\system32\cmd.exe - pip install numpy

C:\Users\Administrator\AppData\Local\Programs\Python\Python310\Scripts>pip install numpy
Collecting numpy
  Downloading numpy-1.23.3-cp310-cp310-win_amd64.whl (14.6 MB)
                                           14.6 MB 311 kB/s
Installing collected packages: numpy
Successfully installed numpy-1.23.3
```

图 2.2　第三方库安装

Python 提供了各类库,如果想查看已安装的库,可以在命令行窗口输入:

```
pip list
```

会显示已安装的所有的库文件。各种库文件都有不同的版本,随着版本的更新,库也会有些变化,请读者以最新的库文件为准。

库安装好后,还需要在程序中导入才能使用。通过 import 语句可以导入,并使用其定义的功能。在 Python 中标准库和第三方库提供了大量的模块,导入和使用模块功能的基本形式如下:

```
import 模块名
```

例题 2.3　求解一元二次方程 $x^2 + 2x + 1 = 0$。

```
import math    #导入 math 模块
a=1
b=5
c=6
x1=(-b+math.sqrt(b* b-4* a* c))/(2* a)    #使用模块 math 中的 sqrt() 函数求平方根
x2=(-b-math.sqrt(b* b-4* a* c))/(2* a)
print('方程的解为:', x1, x2)
```

程序运行结果:

```
方程的解为: -2.0 -3.0
```

本 章 小 结

本章主要介绍了 Python 的数据类型,包含数值类型和组合类型;同时还详细介绍了常见的运算符,包含算术运算符、比较运算符、赋值运算符、位运算符、成员运算符、身份运算符和逻辑运算符。希望通过对本章知识的学习,大家可以熟练地掌握基本数据类型和运算符,为后续学习打好基础。

习题 2

一、选择题

1. 下列关于 Python 字符串类型的说法中描述错误的是(　　)。

A. 字符串是用来表示文本的数据类型

B. Python 中可以使用单引号、双引号、三引号定义字符串

C. Python 中单引号与双引号不可一起使用

D. 使用三引号定义的字符串可以包含换行符

2. 已知 a＝3,b＝5,下列计算结果错误的是(　　)。

A. a＋＝b 的值为 8

B. a＜＜b 的值为 96

C. a and b 的值为 5

D. a//b 的值为 0.6

3. 下列运算符中优先级最高的是(　　)。

A. /　　　　　　　　B. //　　　　　　　　C. ~　　　　　　　　D. not is

二、简答题和编程题

1. Python 有哪几种注释方式?

2. 说明变量有哪些类型?

3. 思考操作符的优先级,给出 30－3＊＊2＋8//3＊＊2＋10％3 的运算结果。

4. 请利用 math 模块把角度制 60 度转换成弧度制,并计算其对应的余弦值。

第 3 章

程序控制结构

3.1 布尔表达式

布尔表达式是由关系运算符和逻辑运算符按一定的语法规则组成的式子。关系运算符有：＜（小于）、＜＝（小于等于）、＝＝（等于）、＞（大于）、＞＝（大于等于）、！＝（不等于）。逻辑运算符有：and、or、not。

布尔表达式的值只有两个：True 和 False。在 Python 中，当 False、None、0、""、()、[]、{}作为布尔表达式时，它们会被解释器接收为假（False）。换句话说，特殊值 False 和 None、所有类型（包括浮点型、长整型和其他类型）的数字 0、空序列（如空白字符串、元组和列表）以及空的字典都会被解释为假。其他则会被解释为真，包括特殊值 True。

True 和 False 属于布尔数据类型，它们都是保留字，不能在程序中被当作标识符。一个布尔变量可以代表 True 或 False 值中的一个。bool 函数（和 list、str 以及 tuple 一样）可以用来转换其他值。

3.2 赋值语句

在前面章节，我们已用过赋值语句的最简单形式了，在 Python 中还有一些隐形的赋值语句，如 import，from，def，class，for 函数参数等。我们这节只讨论赋值语句的基本形式，在等号左边写下要赋值的目标，右边写上被赋值的对象，左边的目标可以是一个变量名字或对象组件，右边的对象可以是一个对象的任意计算表达式，即

需要赋值的目标＝表达式

需要指出的是，Python 的赋值语句具有以下几个特点：

• 赋值生成对象索引。Python 赋值在数据结构中生成对象的引用，而不是对象的拷贝。由此与数据存储结构相比，Python 变量更像 C 语言中的指针。

• 变量第一次赋值即已生成。Python 在第一次给变量赋值时就生成变量名，无须事先定义。一旦赋值，一个变量名出现在表达式中，就被它所引用的值替代。

• 变量名在引用前必须赋值。

Python 中赋值语句有很多用法，以下将一一讲解。

1. 基本形式

将一个表达式的值赋给一个变量。如 name＝"zhenghong"，room＝501 等。

2. 元组赋值

将表达式值的序列赋给变量序列。如 name，room＝"zhenghong"，501。

3. 列表赋值

将表达式列表赋值给多个变量。如[name，room]＝["zhenghong"，501]。

当在等号的左边使用元组或列表的时候，Python 将左边的目标与右边的对象匹配，并且从左到右赋值，这通常叫作元组或列表的析取赋值。一般情况下，右边元素的数目要跟左侧变量的数目相同。利用元组赋值可以很容易地交换两个变量的值，也可以与 range()函数配合给系列变量赋整数值。

例 3.1

```
x=1
y=2
x,y=y,x
print(x,y)
[name,room]=["zhenghong",501]
print(name,room)
a,b,c,d=range(4)
print(a,b,c,d)
```

程序运行结果：

```
2 1
zhenghong 501
0 1 2 3
```

4. 链式赋值

链式赋值就是将同一个值赋给多个变量。如 a＝b＝c＝d＝1。

5. 增强赋值

增强赋值通常是将运算形式简化，比完整形式的赋值执行得更快，同时会自动选择优化技术。例如对于列表，＋＝赋值会自动调用较快的 extend() 方法，而不是使用较慢的＋合并运算。

如：x＋＝3　　　　　等价于 x＝x＋3

　　x－＝3　　　　　等价于 x＝x－3

　　x＊＝3　　　　　等价于 x＝x＊3

　　x/＝2＊y－10　　等价于 x＝x/(2＊y－10)

3.3　选择结构

在程序设计中，需要根据某些条件做出判断并做出不同的处理方法，需要用到选择结构。Python 选择结构有多种：单向 if 选择语句、双向 if-else 选择语句、多向 if-elif-else 选择语句以及嵌套 if 选择语句。

课程思政

在人生的道路中，存在诸多选择，树立正确的三观，选择适合自己的道路，不能随波逐流，要做出正确的选择。

3.3.1　单向 if 语句

if 语句是一种单选结构，如果表达式为真（即表达式的值为非零），就执行指定的操作；否则就会跳过该操作。所以，if 语句选择是做与不做的问题。其语法格式为：

```
if 布尔表达式：
    语句块
```

其语义是:如果表达式的值为真,则执行其后的语句,否则不执行该语句。其执行过程可表示为图 3.1。

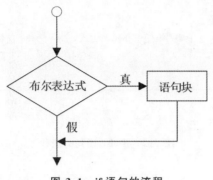

图 3.1　if 语句的流程

注意:单向 if 语句的语句块只有当布尔表达式的值为真(即非零)时,才会被执行;否则,程序就会跳过这个语句块,去执行紧跟在这个语句块之后的语句。这里的语句块,既可以包含多条语句,也可以只有一条语句。当语句块由多条语句组成时,要有统一的缩进形式,相对于 if 向右至少缩进一个空格,否则就会出现逻辑错误,以及语法检查没错,但是结果却是非预期的。

例 3.2　输入一个整数:如果这个整数是 5 的倍数,则输出"输入的整数是 5 的倍数";如果这个整数是 2 的倍数,则输出"输入的整数是 2 的倍数"。

```
num=eval(input('输入一个整数:'))
if num% 5==0:
    print('输入的整数 % d 是 5 的倍数'% num)
if num% 2==0:
    print('输入的整数 % d 是 2 的倍数'% num)
```

程序运行结果:

```
输入一个整数:15
输入的整数 15 是 5 的倍数
```

3.3.2　双向 if-else 语句

if-else 语句是一种双向结构,根据表达式是真还是假来决定执行哪些语句,它选择的不是做与不做的问题,而是在两种备选操作中选择哪一个操作的问题。其语法格式为:

```
if 布尔表达式:
    语句块 1
else:
    语句块 2
```

其语义是:如果布尔表达式的值为真(即表达式的值为非零),则执行语句块 1;当表达式为假(即表达式的值为零)时,执行语句块 2。if-else 语句不论表达式取何值,它总要在两个语句块中选择一个语句块执行,双向结构的称谓由此而来。其执行过程可表示为图 3.2。

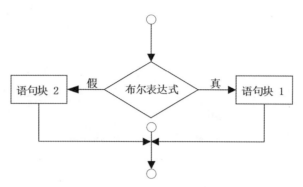

图 3.2   if-else 语句的流程

> **注意**：每个条件后面要使用冒号(:)，表示接下来是满足条件后要执行的语句块。使用缩进来划分语句块，相同缩进数的语句在一起组成一个语句块。

例 3.3   编写一个两位数减法的程序，程序随机产生两个两位数，然后向学生提问这两个数相减的结果是什么，在回答问题之后，程序会显示一条信息表明答案是否正确。

```python
import random
num1=random.randint(10,100)
num2=random.randint(10,100)
if num1< num2:
    num1,num2=num2,num1
answer=int(input(str(num1)+'-'+str(num2) +'='+'? '))
if num1-num2==answer:
    print('你是正确的! ')
else:
    print('你的答案是错误的。')
    print(str(num1), '-', str(num2), '=', str(num1-num2))
```

程序运行结果：

```
69-34=? 35
你是正确的!
```

3.3.3   多向 if-elif-else 语句

有时候，人们需要在多组操作中选择一组执行，这时就会用到多选结构，对于 Python 语言来说就是 if-elif-else 语句。该语句可以利用一系列布尔表达式进行检查，并在某个布尔表达式为真的情况下执行相应的代码。其语法格式为：

```
if 布尔表达式 1：
    语句块 1
elif 布尔表达式 2：
    语句块 2
```

```
...
    elif 布尔表达式 n:
        语句块 n
    else:
        语句块 n+1
```

if-elif-else 语句的执行顺序是:依次计算各布尔表达式的值,如果布尔表达式 1 的值是 True,则执行语句块 1;否则,如果布尔表达式 2 的值为 True,则执行语句块 2;依次类推,如果布尔表达式 n 的值为 True,则执行语句块 n;如果前面所有条件都不成立,则执行语句块 n+1。也就是:按顺序依次判断表达式 1,表达式 2,…,表达式 n 的取值是否为 True,如果某个表达式的取值为 True,则执行与之对应的语句块,然后结束整个 if-elif-else 语句;如果所有表达式的取值都不为 True,则执行与 else 对应的语句块。

例 3.4 利用多分支选择结构将成绩从百分制变换到等级制。

```python
score=float(input('请输入一个分数:'))
if score> =90.0:
    grade='A'
elif score> =80.0:
    grade='B'
elif score> =70.0:
    grade='C'
elif score> =60.0:
    grade='D'
else:
    grade='F'
print(grade)
```

程序运行结果:

```
请输入一个分数:89
B
```

注意:一个条件只有在这个条件之前的所有条件都变成 False 之后才被测试。

3.3.4 if 语句的嵌套

if 语句里面可以嵌套使用 if 语句。下面是三种 if 语句的不同嵌套形式。

(1)

```
if 布尔表达式 1:
    if 布尔表达式 2:
        语句 1
    else:
```

```
    语句 2
  else:
    if 表达式 3:
      语句 3
    else:
      语句 4
```

（2）

```
if 布尔表达式 1:
  if 布尔表达式 2:
    语句 1
  else:
    语句 2
else:
  语句 3
```

（3）

```
if 布尔表达式 1:
  语句 1
else:
  if 表达式 2:
    语句 2
  else:
    语句 3
```

注意：Python 中在代码块周围没有括号{}或开始/结束界定符号，它采用缩进形式将语句分组，缩进的空白数量是可变的，但是同一代码块语句必须包含相同的缩进空白数量。

例 3.5 比较两个数的大小关系。

```
a=input("a=")
b=input("b=")
if a! =b:
  if a> b:
    print ("a> b\n")
  else:
    print ("a< b\n")
else:
  print ("a=b\n")
```

程序运行结果：

```
a=10
b=20
a< b
```

3.4 循环语句

Python 提供了各种控制结构,允许更复杂的执行路径。循环语句允许我们在给定的条件成立时执行一个语句或者语句组多次,直到条件不成立为止。给定的条件称为循环条件,反复执行的程序段称为循环体。同时,Python 语言提供了 for 循环和 while 循环,可以组成不同形式的循环结构。

3.4.1 while 循环

Python 编程中,while 语句用于在某条件下循环执行某段程序,以处理需要重复处理的相同任务。其语法格式为:

```
while 判断条件:
    执行语句
```

while 语句的语义是:计算判断条件中表达式的值,当值为真 True(非 0)时,执行语句;当判断条件为假 False 时,循环结束。其中执行语句可以是单个语句或语句组。判断条件可以是任何表达式。任何非零或非空(null)的值均为 True。其执行过程可表示为图 3.3。

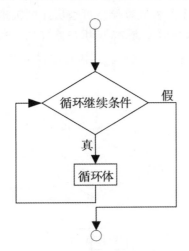

图 3.3　while 语句流程图

例 3.6　计算 $1+2+3+\cdots+100$,即 $\sum_{i=1}^{100} i$。

```
n=100
sum=0
i=1
while i< =n:
    sum=sum+i
    i=i+1
print("1~ % d 之和为% d"% (n,sum))
```

程序运行结果:

```
1~ 100 之和为 5050
```

注意：确保循环继续条件最终变成 False 以便结束循环。编写循环程序时，常见的程序设计错误是循环继续条件总是为 True，循环变成无限循环。如果一个程序运行后，经过相当长的时间也没有结束，那么它可能就是一个无限循环。

3.4.2　for 循环

循环结构在 Python 语言中有两种表现形式，一是前面的 while 循环，再就是 for 循环。for 循环是一种遍历型的循环，因为它会依次对某个序列中全体元素进行遍历，遍历完所有元素之后便终止循环。列表、元组、字符串都是序列，序列类型有相同的访问模式：它的每一个元素可以通过指定一个偏移量的方式得到，而多个元素可以通过切片操作的方式得到。其语法格式为：

```
for 控制变量 in 可遍历序列：
    循环体
```

这里的关键字 in 是 for 循环的组成部分，而非运算符 in。可遍历序列里保存了多个元素，且这些元素按照一个接一个的方式存储。可遍历序列被遍历处理，每次循环时，都会将控制变量设置为可遍历序列的当前元素，然后执行循环体。当可遍历序列中的元素被遍历一遍后，即没有元素可供遍历时，退出循环。其执行过程可表示为图 3.4。

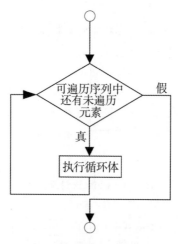

图 3.4　for 语句流程图

for 循环可用于迭代容器对象中的元素，这些对象可以是列表、元组、字典、集合、文件，甚至可以是自定义类或者函数。

1. 作用于列表

例 3.7　向姓名列表中添加新姓名。

```
Names= ['宋爱梅','于光','贾隽仙','贾燕青','刘振杰','郭卫东','崔红宇','马福平']
print("-----添加之前,列表 A 的数据-----")
for Name in Names:
```

```
        print(Name,end='')
    print('')
    continueLoop='y'                              #让用户来决定是否继续添加
    while continueLoop=='y':
        temp=input('请输入要添加的学生姓名:')        #提示并添加姓名
        Names.append(temp)
        continueLoop=input('输入 y 继续添加,输入 n 退出添加:')
    print("-----添加之后,列表 A 的数据-----")
    for Name in Names:
        print(Name,end='')
```

程序运行结果:

```
-----添加之前,列表 A 的数据-----
宋爱梅 于光 贾隽仙 贾燕青 刘振杰 郭卫东 崔红宇 马福平
请输入要添加的学生姓名:汪昊
输入 y 继续添加,输入 n 退出添加:n
-----添加之后,列表 A 的数据-----
宋爱梅 于光 贾隽仙 贾燕青 刘振杰 郭卫东 崔红宇 马福平 汪昊
```

2. 作用于元组

例 3.8　　遍历元组。

```
test_tuple=[("a",1),("b",2),("c",3),("d",4)]
print("准备遍历的元组列表:",test_tuple)
print('遍历列表中的每一个元组')
for(i,j)in test_tuple:
    print(i,j)
```

程序运行结果:

```
准备遍历的元组列表:[('a',1),('b',2),('c',3),('d',4)]
遍历列表中的每一个元组
a 1
b 2
c 3
d 4
```

3. 作用于字符串

例 3.9　　遍历输出字符串中的汉字,若遇到标点符号,则换行输出。

```
import string
str1="大梦谁先觉？平生我自知,草堂春睡足,窗外日迟迟."
for i in str1:
    if i not in string.punctuation:      #i 不是标点符号时,输出 i
        print(i,end="")
    else:                                 #否则,换行输出
        print('')
```

程序运行结果:

```
大梦谁先觉
平生我自知
草堂春睡足
窗外日迟迟
```

4. 作用于字典

 遍历输出字典元素。

```
person={'姓名':'李明','年龄':'26','籍贯':'北京'}
#items()方法把字典中每对 key 和 value 组成一个元组,并把这些元组放在列表中返回
for key,value in person.items():
    print('key=',key,',value=',value)
for x in person.items():#只有一个控制变量时,返回每一对 key,value 对应的元组
    print(x)
for x in person:
    print(x)
```

程序运行结果:

```
key=姓名,value=李明
key=年龄,value=26
key=籍贯,value=北京
('姓名','李明')
('年龄','26')
('籍贯','北京')
姓名
年龄
籍贯
```

5. 作用于集合

 遍历输出集合元素。

```
weekdays={'MON','TUE','WED','THU','FRI','SAT','SUN'}
#for 循环在遍历 set 时,遍历的顺序和 set 中元素书写的顺序很可能是不同的
for d in weekdays:
    print(d,end='')
```

程序运行结果:

```
TUE THU FRI SUN SAT MON WED
```

6. 作用于文件

例 3.12　for 循环遍历文件,并打印文件的每一行。

文件 1.txt 中存有两行文字:

向晚意不适,驱车登古原。

夕阳无限好,只是近黄昏。

```
fd=open('D:\\Python\\1.txt')    #打开文件,创建文件对象
for line in fd:
    print(line,end='')
```

程序运行结果：

```
TUE THU FRI SUN SAT MON WED
```

3.4.3　for 循环与 range()函数的结合使用

很多时候，for 循环都是和 range()函数结合起来使用的，例如：利用两者来打印一个序列的数，如下所示。

```
for i in range(1,5):
    print(i)
```

执行结果：

```
1
2
3
4
```

我们使用内建的 range()函数生成这个数的序列。我们所做的只是提供两个数，range 返回一个序列的数。这个序列从第一个数开始到倒数第二个数为止。例如，range(1,5)给出序列[1,2,3,4]。默认地，range 的步长为 1。如果我们为 range 提供第三个数，那么它将成为步长。例如，range(1,5,2)给出[1,3]。

for 循环在这个范围内递归 for i in range(1,5)等价于 for i in[1,2,3,4]，这就如同把序列中的每个数（或对象）赋值给 i，一次一个，然后以每个 i 的值执行这个程序块。在这个例子中，我们只是打印 i 的值。

值得注意的是，for…in 循环对于任何序列都适用。这里我们使用的是一个由内建 range()函数生成的数的列表，但是广义来说，我们可以使用任何种类的由任何对象组成的序列。

3.4.4　循环中的 break、continue 和 else

break 语句和 continue 语句提供了另一种控制循环的方式。break 语句用来终止循环语句，即循环条件没有 False 或者序列还没被完全遍历完，也会停止执行循环语句。如果使用嵌套循环，省空间，则 break 语句将停止执行最深层的循环，并开始执行下一行代码。continue 语句用于终止当前迭代而进入循环的下一次迭代。Python 的循环语句可以带有 else 子句，else 子句在序列遍历结束（for 语句）或循环条件为假（while 语句）时执行，但在循环被 break 终止时不执行。

1. Python break 语句

Python break 语句用来终止循环语句，从循环体内跳出。
break 语句的一般形式为：

```
break
```

break 语句用在 while 和 for 循环中。如果使用嵌套循环，break 语句将停止执行最深层的循环，并开始执行下一行代码。其执行过程可表示为图 3.5。

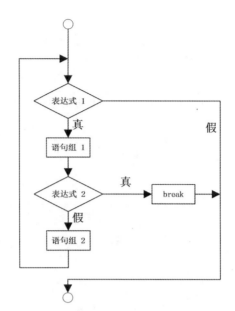

图 3.5 break 语句流程图

例 3.13

```
pi=3.14159
r=1
while r< =10:
    area=pi* r* r
    if area> 100:
        break
    print('r=% f,area=% f\n'% (r,area))
    r=r+1
```

程序运行结果：

```
r=1.000000,area=3.141590
r=2.000000,area=12.566360
r=3.000000,area=28.274310
r=4.000000,area=50.265440
r=5.000000,area=78.539750
```

此程序计算 r=1 到 r=10 时的圆面积,直到面积 area 大于 100 为止,从上面的 while 循环可以看到:当 area>100 时,执行 break 语句,提前结束循环,即不再执行其余的循环。

2. Python continue 语句

Python continue 语句用来告诉 Python 跳过当前循环的剩余语句,然后继续进行下一轮循环。continue 语句用在 while 和 for 循环中。

continue 语句的一般形式为:

```
continue
```

其执行过程可表示为图 3.6。

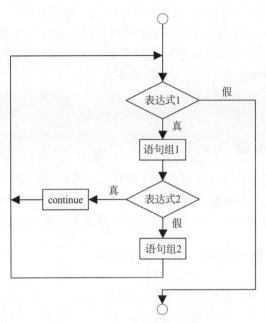

图 3.6   continue 语句流程图

例 3.14

```
i = 0
while i< 10:
    i = i+1
    if i% 2 == 0:
        continue
    print('奇数', i)
```

程序运行结果：

```
奇数 1
奇数 3
奇数 5
奇数 7
奇数 9
```

以上程序只显示 1～10 中的所有奇数，屏蔽掉偶数。

3. Python else 语句

Python 的循环语句可以带有 else 子句。在循环语句中使用 else 子句时，else 子句只有在序列遍历结束（for 语句）或循环条件为假（while 语句）时才执行，但循环被 break 终止时不执行。带有 else 子句的 while 循环语句的语法格式如下：

```
while 循环继续条件:
    循环体
else:
    语句体
```

当 while 语句带有 else 子句时，如果 while 子句内嵌的循环体在整个循环过程中没有执行 break 语句（循环体中没有 break 语句，或者循环体中有 break 语句但是始终未执行），那么循环过程结束后,就会执行 else 子句中的语句体。否则,如果 while 子句内嵌的循环体在循环过程中一旦执行 break 语句,那么程序的流程将跳出循环结构,因为这里的 else 子句也是该循环结构的组成部分,所以 else 子句内嵌的语句体也就不会执行了。

下面是带有 else 子句的 for 语句的语法格式:

```
for 控制变量 in 可遍历序列:
    循环体
else:
    语句体
```

与 while 语句类似,如果 for 语句在遍历所有元素的过程中,从未执行 break 语句的话,在 for 语句结束后,else 子句嵌套的语句体将得以执行,否则,一旦执行 break 语句,程序流程将连带 else 子句一并跳过。下面通过例子来说明循环中使用 else 的效果。

例 3.15   判断给定的自然数是否为素数。

```
import math
number=int(input('请输入一个大于 1 的自然数:'))
for i in range(2,int(math.sqrt(number))+1): #math.sqrt(number)返回 number 的
平方根
    if number% i==0:
        print(number,'具有因子',i,',所以',number,'不是素数')
        break
    else:
        print(number,'是素数')
```

程序运行结果:

```
请输入一个大于 1 的自然数:45
45 具有因子 3 ,所以 45 不是素数
```

3.4.5 循环嵌套

Python 语言允许在一个循环体里面嵌入另一个循环,即 while 语句里面嵌套 while 语句,for 语句里嵌套 for 语句。也可以在循环体内嵌入其他的循环体,如在 while 循环体中可以嵌入 for 循环,反之,可以在 for 循环中嵌入 while 循环。

例 3.16   使用 for 嵌套打印乘法口诀表。

```
for i in range(1,10):
    for j in range(1,i+1):
        print("% d* % d=% 2d"% (j,i,i* j),end="  ")
    print("  ")
```

程序运行结果:

```
1* 1=1
1* 2=2 2* 2=4
1* 3=3 2* 3=6 3* 3=9
```

```
1* 4=4 2* 4=8 3* 4=12 4* 4=16
1* 5=5 2* 5=10 3* 5=15 4* 5=20 5* 5=25
1* 6=6 2* 6=12 3* 6=18 4* 6=24 5* 6=30 6* 6=36
1* 7=7 2* 7=14 3* 7=21 4* 7=28 5* 7=35 6* 7=42 7* 7=49
1* 8=8 2* 8=16 3* 8=24 4* 8=32 5* 8=40 6* 8=48 7* 8=56 8* 8=64
1* 9=9 2* 9=18 3* 9=27 4* 9=36 5* 9=45 6* 9=54 7* 9=63 8* 9=72 9* 9=81
```

本章小结

这章我们学习了布尔表达式、赋值语句的基本功能和使用方法,探讨了如何使用选择结构中单向 if 语句、双向 if-else、多向 if-elif-else 和 if 语句的嵌套,介绍了 for 语句和 while 语句如何实现循环结构以及与循环相关的 break 语句、continue 语句和 else 语句,讨论 for 循环与 range()函数的结合使用和循环的嵌套。熟悉这些控制流程是应当掌握的基本技能,它们是 Python 中最常用的部分。通过这些基本语句的组合,我们可以编制程序处理一些基本的逻辑需求,建立起一定的编程思想,为进一步的学习打下基础。

习题 3

一、选择题

1. 以下程序的运行结果是( )。

```
a= b= d= 241
a= d/100% 9
b= - 1 and 1
print("% d,% d"% (a,b))
```

A. 6,1　　　　　　B. 2,1　　　　　　C. 6,0　　　　　　D. 2,0

2. 下列哪个语句在 Python 中是非法的?( )

A. x=y=z=1　　　B. x=(y=z+1)　　　C. x,y=y,x　　　D. x+=y

3. 程序:

```
a=5
b=1
c=0
if a ==b+c:
    print ("* * * \n")
else:
print ("$ $ $ \n")
```

该程序( )。

A. 有语法错误不能通过编译

B. 可以通过编译,但不能通过连接

C. 输出:* * *

D. 输出:$ $ $

4. 下面的循环体执行的次数与其他不同的是( )。

A.

```
    i=0
    while(i< =100):
        print i,
        i=i+1
```

B.

```
    for i in range(100):
        print i,
```

C.

```
    for i in range(100,0,-1):
        print i,
```

D.

```
    i=100
        while(i> 0):
            print i,
            i=i-1
```

5. 以下程序的运行结果是(   )。

```
    m=5
    if m+1> 5:
    print("% d"% (m-1))
    else:
    print("% d"% (m+1))
```

A. B. 5C. 6D. 7

6. 设有程序段：

```
    k=10
    while k==0:
    k=k-1
```

则下面描述中正确的是(   )。

A. while 循环执行 10 次   B. 循环是无限循环

C. 循环体语句一次也不执行   D. 循环体语句执行一次

7. 下面程序的功能是将从键盘输入的一对数由小到大排序输出，当输入一对相等数时结束循环。填空处应选择(   )。

```
    a=int(input( ))
    b=int(input( ))
    while(     ):
    if a> b:
        t=a
        a=b
        b=t
    print("% d,% d\n"% (a,b))
    a=int(input( ))
    b=int(input( ))
    print("END")
```

A. ! a＝b   B. a! ＝b   C. a＝＝b   D. a＝b

8. 以下程序段的执行结果如下所示：

```
1  1
1  2
2  2
```

请选择(   )。

```
n=3
for m in range(1,n):
    for n in range(__):
        print(n,"",m)
    print("")
```

A. 1,m   B. 1,m＋1   C. 1,m－1   D. 1,n＋1

9. 判断 char 型变量 ch 是否为大写字母的正确表达式为(   )。

A. 'A'＜＝ch＜＝'Z'   B. (ch＞＝'A')&(ch＜＝'Z')

C. (ch＞＝'A')&&(ch＜＝'Z')   D. ('A'＜＝ch)and('Z'＞＝ch)

10. 以下不正确的 if 语句形式是(   )。

A.

```
if x> y and x! =y:
    x=x+1
```

B.

```
if x==y:
    x+=y
```

C.

```
if x! y print x
```

D.

```
if x< y:
    x=x+1
    y=y+1
```

二、思考题

1. 说明以下三个 if 语句的区别。

(1)

```
if(i> 0):
    if(j> 0):n=1
```

(2)

```
if(i> 0):
    if(j> 0):n=2
```

(3)

```
if(i> 0):n=1
    else:
        if(j> 0):n=2
```

2. 阅读下面的 Python 程序，请问程序的功能是什么？

```
import math; n=0
for m in range(101,201,2):
k=int(math.sqrt(m))
for i in range(2,k+2):
    if m% i==0:break
if i==k+1:
    if n% 10==0:print()
    print('% d'% m, end='')
    n+=1
```

3.阅读下面 Python 程序,请问输出结果是什么? 程序的功能是什么?

```
from math import *
print("三位数中所有的水仙花数为:")
for i in range(100,1000):
    n1=i//100; n2=(i% 100)//10; n3=i% 10
    if(pow(n1,3)+pow(n2,3)+pow(n3,3)==i:print(i,end=' '))
```

4.阅读下面 Python 程序,请问输出结果是什么? 程序的功能是什么?

```
print("1~ 1000 之间所有的完数有,其因子为:")
for n in range(1,1001):
total=0;j=0;factors=[ ]
for i in range(1,n):
    if(n% i)==0:
        factors.append(i);total +=i
    if(total==n):print{"{0}:{1}".format(n,factors)}
```

5.阅读下面 Python 程序,请问输出结果是什么? 程序的功能是什么?

```
m=int(print("请输入整数 m:")); n=int(input("请输入整数 n:"))
while(m! =n):
if(m> n): m=m-n
print(m)
```

三、编程题

1.编写程序,计算 $1+2+3+\cdots+100$。

2.编写程序,计算 $S_n=1+1/2+1/3+\cdots+1/n$。

3.编写程序,输入三角形三条边,先判断是否可以构成三角形,如果可以,则进一步求三角形的周长和面积,否则报错:"无法构成三角形!"。运行效果如下所示(结果均保留一位小数)。

```
请输入三角形的边 A:3
请输入三角形的边 B:4
请输入三角形的边 C:5
三角形三边分别为:a=3.0,b=4.0,c=5.0
三角形的周长=12.0,面积=6.0
```

4.编写程序,产生两个 0~100 之间(包含 0 和 100)的随机整数 a 和 b,求这两个整数的最大公约数和最小公倍数。运行效果如下所示。

整数 1＝88,整数 2＝16
最大公约数＝8,最小公倍数＝176

5.编写程序,输入整数 n(n≥0),分别利用 for 循环和 while 循环求 n!。运行效果如下所示。

请输入非负整数 n:－5
请输入非负整数 n:5
for 循环:5!＝120
while 循环:5!＝120

第 4 章

函数

函数是组织好的、可重复使用的、用来实现单一或相关联功能的代码段。函数能提高应用的模块性和代码的重复利用率。通过前面章节的学习,已经了解了很多 Python 内置函数,这些内置函数可以给编程带来很多便利,同时也提高了用户开发程序的效率。除了使用 Python 内置函数,也可以根据实际需要定义符合用户要求的函数,即用户自定义函数。

4.1 函数定义

在 Python 中,程序中用到的所有函数,必须"先定义,后使用"。例如,想用 rectangle() 函数去求长方形的面积和周长,必须事先按 Python 规范对它进行定义,指定它的名称、参数、函数实现的功能、函数的返回值。

在 Python 中定义函数的语法如下:

```
def 函数名([参数列表]):
    '''注释'''
    函数体
```

在 Python 中使用 def 关键字来定义函数,定义函数时需要注意以下几个事项。

(1)函数代码块以 def 关键词开头,代表定义函数。

(2)def 之后是函数名,这个名字由用户自己指定,def 和函数名中间至少要有一个空格。

(3)函数名后跟括号,括号后要加冒号,括号内用于定义函数参数,称为形式参数,简称为形参,参数是可选的,函数可以没有参数。如果有多个参数,参数之间用逗号隔开。参数就像一个占位符,当调用函数时,就会将一个值传递给参数,这个值被称为实际参数或实参。在 Python 中,函数形参不需要声明其类型。

(4)函数体,指定函数应当完成什么操作,由语句组成,要有缩进。

(5)如果函数执行完之后有返回值,称为带返回值的函数,函数也可以没有返回值。带有返回值的函数,需要使用以关键字 return 开头的返回语句来返回一个值,执行 return 语句意味着函数执行终止。函数返回值的类型由 return 后要返回的表达式的值的类型决定,表达式的值是整型,函数返回值的类型就是整型;表达式的值是字符串,函数返回值的类型就是字符串。

(6)在定义函数时,开头部分的注释通常用来描述函数的功能和参数的相关说明,但这些注释并不是定义函数时必需的,可以使用内置函数 help() 来查看函数开头部分的注释内容。

下面定义一个找出两个数中较小的函数。这个函数被命名为 min(),它有两个参数:num1 和 num2,函数返回这两个数中较小的那个。图 4.1 解释了函数的组件及函数的调用。

Python 允许嵌套定义函数,即在一个函数中定义另外一个函数。内层函数可以访问外层函数中定义的变量,但不能重新赋值,内层函数的局部命名空间不能包含外层函数定义的变量。嵌套函数定义举例如下:

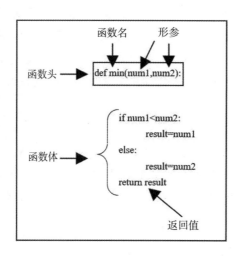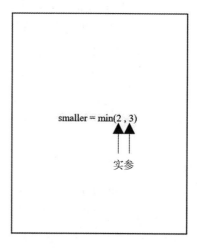

图 4.1　函数的组件及函数的调用

例 4.1

```
def f1():                          #定义函数 f1()
    m=3                            #定义变量 m=3
    def f2():                      #在 f1()内定义函数 f2()
        n=4                        #定义局部变量 n=4
        print(m+n)
    f2()                           #f1()函数内调用函数 f2()
f1()
```

程序运行结果：

7

4.2　函数调用

在函数定义中,定义了函数的功能,即定义了函数要执行的操作。要使函数发挥功能,必须调用函数,调用函数的程序被称为调用者。调用函数的方式是函数名(实参列表),实参列表中的参数个数要与形参个数相同,参数类型也要一致。当程序调用一个函数时,程序的控制权就会转移到被调用的函数上。当执行完函数的返回值语句或执行到函数结束时,被调用函数就会将程序控制权交还给调用者。根据函数是否有返回值,函数调用有两种方式：带有返回值的函数调用和不带返回值的函数调用。

课 程 思 政

当我们遇到复杂且庞大的工程时,需要分而化之地去处理,通过团队协作去解决问题。

4.2.1 带有返回值函数的调用

对带有返回值函数的调用通常当作一个值处理,例如:

```
smaller=min(2,3)          #这里的 min 函数指的是图 4-1 中定义的函数
```

smaller＝min(2,3)语句表示调用 min(2,3),并将函数的返回值赋给变量 smaller。

另外,一个把函数当作值处理的调用函数的例子是:

```
print(min(2,3))
```

这条语句将调用函数 min(2,3)后的返回值输出。

 简单的函数调用。

```
def fun():
    print("简单的函数调用 1")
    return  "简单的函数调用 2"
a=fun()
print(a)
```

程序运行结果:

```
简单的函数调用 1
简单的函数调用 2
```

注意:即使函数没有参数,调用函数时也必须在函数名后面加上(),只有见到这个括号,才会根据函数名从内存中找到函数体,然后执行它。

例 4.3 函数的执行顺序。

```
def fun():
print('第 1 个 fun 函数')
def fun():
print('第 2 个 fun 函数')
fun()
```

程序运行结果:

```
第 2 个 fun 函数
```

从上述执行结果可以看出,fun()调用函数时执行的是第 2 个 fun 函数,下面的 fun 将上面的 fun 覆盖掉了,也就是说,程序中如果有多个同函数名同参数的函数,则调用函数时只有最近的函数会发挥作用。

在 Python 中,一个函数可以返回多个值。下面的程序定义了一个输入两个数并以升序返回这两个数的函数。

```
def sortA(num1,num2):
    if num1< num2:
        return num1,num2
    else:
        return num2,num1
n1,n2=sortA(2,5)
print('n1 是',n1,'\nn2 是',n2)
```

执行结果：

```
n1 是 2
n2 是 5
```

sortA()函数返回两个值。当它被调用时,需要用两个变量同时接收函数返回的两个值。

例 4.4   包含程序主要功能的名为 main()的函数。

下面的程序文件 TestSum.py 用于求两个整数的和。

```
def sum(num1,num2):                        #定义 sum 函数
    result=0
    for i in range(num1, num2 +1):
        result +=i
    return result
def main():#定义 main 函数
    print("Sum from 1 to 10 is ", sum(1, 10))     #调用 sum 函数
    print("Sum from 11 to 20 is ", sum(11,20))    #调用 sum 函数
    print("Sum from 21 to 30 is ", sum(21,30))    #调用 sum 函数
main()                    #调用 main 函数
```

程序运行结果：

```
Sum from 1 to 10 is 55
Sum from 11 to 20 is 155
Sum from 21 to 30 is 255
```

这个程序包含 sum()函数和 main()函数,在 Python 中 main()函数也可以写成其他任何合适的标识符。程序脚本在第 10 行调用 main()函数。习惯上,程序里通常定义一个包含程序主要功能的名为 main()的函数。

这个程序的执行流程:解释器从 TestSum.py 文件的第 1 行开始一行一行地读取程序语句;读到第 1 行的函数头时,将函数以及函数体(第 1～5 行)存储在内存中;然后,解释器将 main()函数的定义(第 6～9 行)读取到内存;最后,解释器读取到第 10 行时,调用 main()函数,main()函数中的语句被执行。程序的控制权转移到 main()函数,main()函数中的三条 print 输出语句分别调用 sum()函数求出 1～10、11～20、21～30 的整数和并将各自的计算结果输出。TestSum.py 中函数调用的流程图如图 4.2 所示。

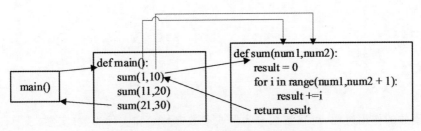

图 4.2　TestSum. py 中函数调用的流程图

注意:这里的 main()函数定义在 sum()函数之后,但也可以定义在 sum()函数之前。在 Python 中,函数在内存中被调用,在调用某个函数之前,该函数必须已经调入内存,否则系统会出现函数未被定义的错误。也就是说,在 Python 中不允许前向引用,即在函数定义之前,不允许调用该函数。下面进一步举例说明:

```
print(printhello())         #在函数 printhello 定义之前调用该函数
defprinthello():            #定义 printhello 函数
    print('hello')
```

执行结果:

```
NameError              Traceback (most recent call last)
Input In [3], in < cell line: 1> ()
----> 1 print(printhello())
      2 def printhello():
      3     print('hello')
NameError: name 'printhello' is not defined
```

4.2.2　不带返回值函数的调用

如果函数没有返回值,那么对函数的调用是通过将函数调用当作一条语句来实现的,如下面含有一个形参的输出字符串的函数的调用。

```
defprintStr(str1):
    "打印任何传入的字符串"
    print(str1)
printStr('hello world')     #调用函数 printStr,将'hello world'传递给形参
```

执行结果:

```
hello world
```

另外,也可将要执行的程序保存在 file. py 文件中。打开 cmd,将路径切换到 file. py 文件所在的文件夹,在命令提示符后输入 file. py,按回车键即可执行相应的程序。

4.3 函数参数

4.3.1 形式参数与实际参数

根据函数的作用过程,可将参数分为形式参数(形参)和实际参数(实参)。

(1)形式参数:是在函数中定义的,系统没有为其分配内存空间,但是其定义里面可以使用的参数,简称形参。函数定义时圆括号内是使用逗号分隔开的形参列表,形参个数并没有限制,一个函数可以没有形参,但是定义时一对圆括号必须要有,表示该函数调用时不接收参数。形参变量只有在被调用时才分配内存单元,在调用结束时,即刻释放所分配的内存单元。因此,形参只在函数内部有效。

(2)实际参数:在函数被调用时,传递给形式参数的参数,简称实参。实参可以是常量、变量、表达式或函数等。无论实参是何种类型,在函数被调用时,它们必须具有确定的值,以便将其传递给形参。因此,应通过预先赋值使实参获得确定值。函数被调用时,根据不同的传递方式,将实参的值或引用传递给形参。当函数被调用时,默认根据书写顺序完成实参与形参的匹配。

4.3.2 参数的类型

Python 的函数定义非常简单,但灵活度却非常大。Python 函数的参数有很多种类型,可分为必选参数、默认值参数、关键参数、可变长度参数等。Python 函数的定义也非常灵活,在定义函数时不需要指定参数的类型,形参的类型完全由调用者传递的实参类型以及 Python 解释器的理解和推断来决定,类似于某些语言中的泛型。同样,也不需要指定函数的返回值类型,这将由函数中的 return 语句来决定。

(1)必选参数。必选参数须以正确的顺序传入函数,调用时的数量必须和声明时的一样。

(2)默认值参数。在定义函数时,Python 可以为形参设置默认值。在调用带有默认值的函数时,可以不用为设置了默认值的形参进行传值,此时函数将会直接使用函数定义时设置的默认值。默认值参数的优点是降低调用函数的难度。

函数参数设置默认值的格式为:

```
def 函数名(...,形参名=默认值):
    函数体
```

在使用默认值参数时,应注意:函数必选参数在前,默认值参数在后,否则 Python 的解释器会报错。

(3)关键参数。关键参数和函数调用关系紧密,函数调用使用关键参数来确定传入的参数值。使用关键参数允许函数调用时参数的顺序与声明时不一致,但不影响参数值的传递结果,因为 Python 解释器能够用参数名匹配参数值。这样避免了用户需要牢记参数位置和顺序的麻烦,使得函数的调用和参数传递更加灵活方便。

(4)可变长度参数。传入的参数个数是任意可变的。可变长度参数在定义函数时主要有两种形式:

①传递的多个实参保存在元组中。语法如下：

```
def 函数名( * 形参):
    函数体
    [return [expression]]
```

形参前面的"＊"表示这个参数是一个元组参数，用来接收任意多个实参并将它们放在一个元组中。

②接收类似于关键参数一样显式赋值形式的多个实参并存放入字典中。基本语法如下：

```
def 函数名( * * 形参):
    函数体
    [return [expression]]
```

形参前面的"＊＊"表示这个参数是一个字典参数，用来接收类似于关键字参数一样显示赋值形式的多个实参，并将它们放入字典中。

(5)参数传递时的序列解包和字典。当为含有多个变量的函数传递参数时，可以使用 Python 列表、元组、集合、字典等作为实参，并在实参名称前加一个"＊"，Python 解释器将自动进行解包，然后传递给多个形参变量。需要注意的是，若使用字典对象作为实参，则默认使用字典的 keys()方法；若需要将字典中的"键-值对"作为参数，则需要使用 items()方法；若需要将字典的"值"作为参数，则需要调用字典的 values()方法。此外，要保证实参中元素个数与形参个数相等。

4.4 函数参数传递

在 Python 中，数字、元组和字符串对象是不可更改的对象，而列表、字典对象则是可以修改的对象。Python 中一切都是对象，严格意义上说，调用函数时的参数传递不能说是值传递和引用传递，应该说是传可变对象和传不可变对象。因此，函数调用时传递的参数类型分为不可变类型和可变类型。

不可变类型：若 a 是数字、字符串、元组这三种类型中的一种，则函数调用 fun(a)时，传递的只是 a 的值，在 fun(a)内部修改 a 的值，只是修改另一个复制的对象，不会影响 a 本身。

可变类型：若 a 是列表、字典这两种类型中的一种，则函数调用 fun(a)时，传递的是 a 所指的对象，在 fun(a)内部修改 a 的值，fun(a)外部的 a 也会受影响。

```
b=2
def changeInt(x):
    x=2* x
    print(x)
changeInt(b)
b                #changeInt(b)外的 b 没发生变化
```

执行结果：

```
4
2
```

又如：

```
c=[1,2,3]
defchangeList(x):
    x.append([4,5,6])
    print(x)
changeList(c)
c                #changeInt(c)外的 c 发生了变化
```

执行结果：

```
[1, 2, 3, [4, 5, 6]]
[1, 2, 3, [4, 5, 6]]
```

4.5 lambda 表达式

Python 使用 lambda 表达式来创建匿名函数，即没有函数名字的临时使用的小函数。lambda 表达式的主体是一个表达式，而不是一个代码块，但在表达式中可以调用其他函数，并支持默认值参数和关键字参数，表达式的计算结果相当于函数的返回值。lambda 表达式拥有自己的命名空间，且不能访问自有参数列表之外或全局命名空间里的参数。可以直接把 lambda 定义的函数赋值给一个变量，用变量名来表示 lambda 表达式所创建的匿名函数。

lambda 表达式的语法格式如下。

```
lambda[参数 1 [,参数 2,...,参数 n]]:表达式
```

在 lambda 表达式中，冒号前是参数，冒号后是返回值。lambda 表达式返回一个值。
单个参数的 lambda 表达式：

```
g=lambda x:x* 2
g(3)
```

执行结果：

```
6
```

多个参数的 lambda 表达式：

```
f=lambda x,y,z:x+y+z          #定义一个 lambda 表达式,求 3 个数的和
f(1,2,3)
```

执行结果：

```
6
```

创建带有默认值参数的 lambda 表达式：

```
h=lambda x,y=2, z=3:x+y+z
print(h(1,z=4,y=5))
```

执行结果：

```
10
```

4.5.1 lambda 和 def 的区别

(1)def 创建的函数是有名称的，而 lambda 创建的函数是匿名函数。

(2)lambda 会返回一个函数对象，但这个对象不会赋值给一个标识符，而 def 则会把函数对象赋值给一个标识符，这个标识符就是定义函数时的"函数名"。举例说明如下。

```
def f(x,y):
return x+y
a=f
a(1,2)
```

执行结果：

```
3
```

（3）lambda 只是一个表达式，而 def 则是一个语句块。

正是由于 lambda 只是一个表达式，它可以直接作为 Python 列表或 Python 字典的成员，例如：

```
info=[lambda x:x* 2, lambda y:y* 3]
```

这里没有办法用 def 语句直接代替，因为 def 是语句而不是表达式，不能嵌套在里面。lambda 表达式中"："后只能有一个表达式，包含 return 返回语句的 def 可以放在 lambda 表达式的"："后面，不包含 return 返回语句的 def 不能放在 lambda 表达式的"："后面。因此，像 if 或 for 或 print 这种语句就不能用于 lambda 中，lambda 一般只用来定义简单的函数，例如：

```
def multiply(x, y):
    return x * y
f=lambda x, y: multiply(x, y)
f(3, 4)
```

执行结果：

```
12
```

lambda 表达式常用来编写带有行为的列表或字典，例如：

```
L=[(lambda x:x* * 2),
(lambda x:x* * 3),
(lambda x:x* * 4)]
print(L[0](2),L[1](2),L[2](2))
```

执行结果：

```
4 8 16
```

列表 L 中的 3 个元素都是 lambda 表达式，每个表达式都是一个匿名函数，一个匿名函数对应一个行为。下面是带有行为的字典举例。

```
D={'f1':(lambda x,y:x+y),
'f2':(lambda x,y:x -y),
'f3':(lambda x,y:x* y)}
print(D['f1'](5,2),D['f2'](5,2),D['f3'](5,2))
```

执行结果：

```
7 3 10
```

lambda 表达式可以嵌套使用，但是从可读性的角度来说，应尽量避免使用嵌套的 lambda 表达式。

map 函数可以将 lambda 表达式映射到一个序列上，即将 lambda 表达式依次作用到序列的每个元素上。

map 函数接收两个参数，一个是函数，另一个是序列。map 函数会将传入的函数依次作用到序列中的每个元素上,并以 map 对象的形式返回作用后的结果。举例说明如下。

```
def f(x):
    return x* 2
L=[1,2,3,4,5]
list (map (f,L))
```

执行结果:

```
[2,4,6,8,10]
```

代码如下:

```
list (map ((lambda x:x+5),L) ) #对列表中的每个元素加 5
```

执行结果:

```
[6,7,8,9,10]
```

代码如下:

```
list(map(str,[1,2,3,4,5,6,7,8,9]))   #将一个整型列表转换成字符串类型的列表
```

执行结果:

```
['1', '2', '3', '4', '5', '6', '7', '8', '9']
```

lambda 表达式可以用在列表对象的 sort 方法中:

```
import random
data=list(range(0,20,2))
data
```

执行结果:

```
[0,2,4,6,8,10,12,14,16,18]
```

代码如下:

```
random.shuffle(data)
data
```

执行结果:

```
[2,12,10,6,16,18,14,0,4,8]
```

代码如下:

```
data.sort (key=lambda x:x)    #使用 lambda 表达式指定排序规则
data
```

执行结果:

```
[0,2,4,6,8,10,12,14,16,18]
```

代码如下:

```
data.sort(key=lambda x:-x)    #使用 lambda 表达式指定排序规则
data
```

执行结果:

```
[18,16,14,12,10,8,6,4,2,0]
```

代码如下:

```
#使用 lambda 表达式指定排序规则,将数字转换成字符串后,按字符串的长度来排序
data.sort (key=lambda x:len(str(x)))
data
```

执行结果:

```
[0,2,4,6,8,10,12,14,16,18]
```

代码如下：

```
data.sort(key=lambda x:len(str(x)), reverse=True)
data
```

执行结果：

```
[10,12,14,16,18,0,2,4,6,8]
```

(4)lambda 表达式的"："后面，只能有一个表达式，返回一个值；而 def 则可以在 return 后面有多个表达式，返回多个值。例如：

```
def function(x):
    return x+1,x* 2,x* * 2
print(function(3))
```

执行结果：

```
(4,6,9)
```

代码如下：

```
(a,b,c)=function(3)      #通过元组接收返回值,并将它们存放在不同的变量中
print(a,b,c)
```

执行结果

```
4 6 9
```

function 函数返回 3 个值，当它被调用时，需要 3 个变量同时接收函数返回的 3 个值。

4.5.2 自由变量对 lambda 表达式的影响

在 Python 中，函数是一个对象，和整数、字符串等对象有很多相似之处，例如，其可以作为其他函数的参数。Python 中的函数还可以携带自由变量。下面通过一个例子来分析 Python 函数在执行时是如何确定自由变量的值的。

```
i=1
def f(j):
    return i+j
print(f(2))
```

执行结果：

```
3
```

代码如下：

```
i=5
print(f(2))
```

执行结果：

```
7
```

可见，当定义函数 f()时，Python 不会记录函数 f()里面的自由变量"i"对应什么对象，而会告诉函数 f()你有一个自由变量，它的名字叫"i"。接着，当函数 f()被调用并执行时，Python 会告诉函数 f()：①空间上，你需要在你被定义时的外层命名空间（也称为作用域）中查找 i 对应的对象，这里将这个外层命名空间记为 S；②时间上，当自身被调用并执行时，须在 S 中查找对应的最新对象。上面例子中的 i＝5 之后，f(2)随之返回 7，恰好反映了这一点。再看下面这个类似的例子。

```
fTest=map(lambda i:(lambda j:i* * j),range(1,6))
print([f(2) for f in fTest])
```

执行结果：

```
[1,4,9,16,25]
```

在上面例子中，fTest 是一个行为列表，里面的每个元素都是一个 lambda 表达式，每个表达式中的 i 值都会通过 map 函数映射确定下来。执行 print([f(2)for f in fTest])语句时，f 会在 fTest 中依次选取里面的 lambda 表达式，并将 2 传递给 lambda 表达式中的 j，所以输出结果为[1,4,9,16,25]。再如下面的例子。

```
fs=[lambda j:i* j for i in range(6)]
#fs 中的每个元素相当于含有参数 j 和自由变量 i 的函数
print([f(2) for f in fs])
```

执行结果：

```
[10,10,10,10,10,10]
```

之所以会出现[10,10,10,10,10,10]这样的输出结果，是因为列表 fs 中的每个函数在被定义时它们包含的自由变量 i 都是循环变量。因此，列表中的每个函数被调用执行时，它们的自由变量 i 都对应着循环结束 i 所指的对象值 5。

4.6 函数的递归调用

在调用一个函数的过程中，直接或间接地又调用了该函数本身，这称为函数的递归调用。递归函数就是一个调用自己的函数。递归常用来解决结构相似的问题。所谓结构相似，是指构成原问题的子问题与原问题在求解方法上类似。具体地，整个递归问题的求解可以分为两部分：第 1 部分是一些特殊的情况（也称为最简单的情况），有直接的解法；第 2 部分与原问题相似，但比原问题的规模小，并且依赖第 1 部分的结果。每次递归调用都会简化原始问题，让它不断地接近最简单的情况，直至变成最简单的情况。实际上，递归就是把一个大问题转化成一个或几个小问题，再把这些小问题进一步分解成更小的问题，直至每个小问题都可以直接解决。因此，递归有以下两个基本要素。

(1)边界条件：确定递归到何时终止，也称为递归出口。

(2)递归模式：大问题是如何分解为小问题的，也称为递归体。

递归函数只有具备了这两个要素，才能在有限次计算后得出结果。

许多数学函数都是使用递归来定义的，如数字 n 的阶乘 n! 可以按下面递归方法定义：

$$n! = \begin{cases} n! = 1 & (n=0) \\ n \times (n-1)! & (n>0) \end{cases}$$

对于给定的 n 如何求 n! 呢？

求 n! 可以用递推方法，即从 1 开始，乘 2，乘 3，…，一直乘到 n。这种方法容易理解，也容易实现。递推法的特点是从一个已知的事实（如 1! =1）出发，按一定的规律推出下一个事实（如 2! =2×1!），再从这个新的已知的事实出发，推出下一个新的事实（3! =3×2!），直到推出 n! =n×(n-1)! 为止。

求 n! 也可以用递归方法，即假设已知(n-1)!，使用 n! =n×(n-1)! 就可以立即得到 n!。这样，计算 n! 的问题就简化为了计算 n×(n-1)!。当计算(n-1)! 时，可以递归地应用这个思路直到 n 递减为 0。

假定计算 n! 的函数是 factorial(n)。如果 n＝1 调用这个函数,则立即就能返回它的结果,这种不需要继续递归就能知道结果的情况称为基础情况或终止条件。如果 n＞1 调用这个函数,则它会把这个问题简化为计算 n－1 的阶乘这一子问题。这一子问题和原问题在本质上是一样的,具有相同的计算特点,但是其比原问题更容易计算、计算规模更小。

计算 n! 的函数 factorial(n)可简单地描述如下。

```
def factorial(n):
    if n==0:
        return 1
return n* factorial(n -1)
```

一个递归调用可能会导致更多的递归调用,因为这个函数会持续地把一个子问题分解为规模更小的新的子问题,但这种递归不能无限地继续下去,必须有终止的那一刻,即通过若干次递归调用之后能终止继续调用,也就是说要有一个递归调用终止的条件,这时应当很容易求出问题的结果。当递归调用达到终止条件时,就将结果返回给调用者。然后调用者据此进行计算,并将计算的结果返回给它自己的调用者。这个过程会持续进行,直到结果被传回给原始的调用者为止。例如,y＝factorial(o),y 调用 factorial(n),结果被传回给原始的调用者就是传回给 y。

如果计算 factorial(5),则可以根据函数定义看到计算 5! 的过程,如下所示。

```
factorial (5)
5* factorial (4)                    #递归调用 factorial(4)
5* (4* factorial(3)                 #递归调用 factorial(3)
5* (4* (3* factorial(2))            #递归调用 factorial(2)
5* (4* (3* (2* factorial(1))        #递归调用 factorial(1)
5* (4* (3* (2* (1* factorial(0))))  #递归调用 factorial(0)
5* (4* (3* (2* (1* 1)))             #factorial(0)的结果已知,返回结果,接着计算 1* 1
5* (4* (3* (2* 1)))                 #返回 1* 1 的计算结果,接着计算 2* 1
5* (4* (3* 2))                      #返回 2* 1 的计算结果,接着计算 3* 2
5* (4* 6)                           #返回 3* 2 的计算结果,接着计算 4* 6
5* 24                               #返回 4* 6 的计算结果,接着计算 5* 24
120                                 #返回 5* 24 的计算结果到调用处,计算结束
```

图 4-3 描述了 factorial()函数从 n＝2 开始的递归调用过程。

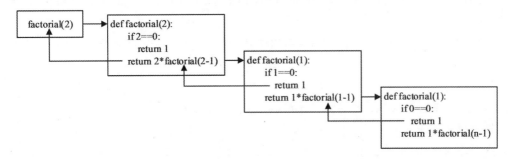

图 4.3 factorial()函数从 n＝2 开始的递归调用过程

```
factorial(5)
```

执行结果：

```
120
```

可以修改一下代码，详细地输出计算 5! 的每一步。

```
def factorial(n):
    print("当前调用的阶乘 n="+str(n))
    if n==0:
        return 1
    else:
        res =n* factorial(n -1)
        print("目前已计算出% d *  factorial(% d)=% d"%  (n,n-1,res))
        return res
factorial(5)
```

执行结果：

```
当前调用的阶乘 n=5
当前调用的阶乘 n=4
当前调用的阶乘 n=3
当前调用的阶乘 n=2
当前调用的阶乘 n=1
当前调用的阶乘 n=0
目前已计算出 1* factorial(0)=1
目前已计算出 2* factorial(1)=2
目前已计算出 3* factorial(2)=6
目前已计算出 4* factorial(3)=24
目前已计算出 5* factorial(4)=120
```

4.7 常用内置函数

4.7.1 map()函数

map(func,seq1[,seq2...])：第 1 个参数可以是一个函数，后面的参数为一个或多个可迭代的序列，将 func 依次作用在序列 seq1[,seq2...]的每一个元素上，得到一个新的序列。

（1）序列只有一个时，将函数 func 作用于这个序列的每一个元素上，并得到一个新的序列。

```
L=[1,2,3,4,5]
list(map((lambda x:x+5),L))    #将 L 中的每个元素加 5
```

执行结果：

```
[6,7,8,9,10]
```

（2）当序列多于一个时，将每个序列的同一位置的元素同时传入多元的 func()函数（有几个列表，func()函数就应该是几元函数），把得到的每一个返回值存放在一个新的序列中。

```
def add(a,b):          #定义一个二元函数
    return a+b
a=[1,2,3]
b=[4,5,6]
list (map (add,a,b))          #将 a,b 两个列表同一位置的元素相加求和
```

执行结果：

```
[5,7,9]
```

代码如下：

```
list(map(lambda x, y: x* * y, [2,4,6], [3,2,1]))
```

执行结果：

```
[8,16,6]
```

代码如下：

```
list(map(lambda x, y, z: x+y+z, (1,2,3), (4,5,6), (7,8,9)))
```

执行结果：

```
[12,15,18]
```

(3)如果函数有多个序列参数，而且每个序列的元素数量不同，则会根据元素数量最少的序列进行求解。

```
list1=[1,2,3,4,5,6,7]          #7个元素
list2=[10,20,30,40,50,60]          #6个元素
list3=[100,200,300,400,500]          #5个元素
list (map (lambda x,y,z: x* * 2+y+z, list1, list2, list3))
```

执行结果：

```
[111,224,339,456,575]
```

4.7.2 reduce()函数

reduce()函数在库 functools 里，如果要使用它，则要从这个库里导入。reduce()函数的语法格式如下。

```
reduce(function,sequence[,initializer])
```

reduce()函数会对参数序列 sequence 中的元素进行累积，即用传入 reduce 中的函数 function()(必须是一个二元操作函数)，先对序列中的第 1、2 个数据进行 function()函数运算，然后再对得到的结果与第 3 个数据进行 function()函数运算，以此类推，直到遍历完序列中的所有元素为止。

参数说明如下。

function：有两个参数的函数名。

sequence：序列对象。

initializer：初始值，为可选参数。

(1)不带初始参数 initializer 的 reduce(function,sequence)函数，先将 sequence 的第 1 个元素作为 function()函数的第 1 个参数、sequence 的第 2 个元素作为 function()函数的第 2 个参数进行 function()函数运算，然后将得到的返回结果作为下一次 function()函数的第 1 个参数、序列 sequence 的第 3 个元素作为下一次 function()函数的第 2 个参数进行

function()函数运算,以此类推,直到 sequence 中的所有元素都得到处理为止。

```
from functools import reduce
def add(x,y):
    return x+y
reduce(add,[1,2,3,4,5])          #计算列表和:1+2+3+4+5
reduce (lambda x,y:x* y,range(1,11))          #求得 10 的阶乘
```

执行结果:

```
3628800
```

(2)带初始参数 initializer 的 reduce(function,sequence,initializer)函数,先将初始参数 initializer 的值作为 function()函数的第 1 个参数、sequence 的第 1 个元素作为 function()的第 2 个参数进行 function()函数运算,然后将得到的返回结果作为下一次 function()函数的第 1 个参数、序列 sequence 的第 2 个元素作为下一次 function()函数的第 2 个参数进行 function()函数运算,以此类推,直到 sequence 中的所有元素都得到处理为止。

```
from functools import reduce
reduce(lambda x,y: x+y, [2,3,4,5,6],1)
```

执行结果:

```
21
```

4.7.3 filter()函数

filter()函数用于过滤序列,即过滤掉序列中不符合条件的元素,返回由符合条件的元素组成的迭代器对象。可以通过 list()或者 for 循环从迭代器对象中取出内容。filter()函数的语法格式如下。

```
filter(function,iterable)
```

参数说明如下。

function:判断函数,返回值必须是布尔类型。

iterable:可迭代对象。

函数作用:filter(function,iterable)的第 1 个参数为函数名,第 2 个参数为序列,序列的每个元素作为参数传递给函数以进行判断。若是 True,则保留该元素;若是 False,则过滤掉该元素。

 例 4.5   过滤出列表中的所有奇数。

```
def is_odd(n):
    return n% 2 ==1
newlist=filter(is_odd, range(20))
list (newlist)
```

程序运行结果:

```
[1,3,5,7,9,11,13,15,17,19]
```

本章小结

本章内容总结如下:

(1)定义函数时使用关键字 def。

（2）函数调用有两种方式：带有返回值的函数调用和不带返回值的函数调用。

（3）定义函数时不需要指定其形参类型，而是根据调用函数时传递的实参自动进行推断。

（4）定义函数时，形参前面加一个星号表示可以接收多个实际参数并将其放置到一个元组中，形参前面加两个星号表示可以接收多个"键-值对"参数并将其放置到字典中。

（5）为含多个变量的函数传递参数时，可以使用 Python 列表、元组、集合、字典以及其他可迭代对象作为实参，并在实参名称前加一个星号，Python 解释器将自动进行解包，然后传递给多个单变量实参。

（6）lambda 表达式可以用来创建只包含一个表达式的匿名函数。

（7）在 lambda 表达式中可以调用其他函数，并支持默认值参数和关键参数。

（8）常用的内置函数有 map()函数、reduce()函数和 filter()函数。

习题 4

一、选择题

1. 以下（　　　）为函数默认参数形式。

A. def fun(a＝8,b)：　　　　　　B. def fun(a＝5,9)：

C. def fun(8,9)：　　　　　　　　D. def fun(a,b＝9)：

2. 给出如下函数定义，（　　　）是正确的调用方式。

```
def cal(* numbers):
    f=0
    for n in numbers:
        f=f* n
    return f
```

A. cal(1,2,3)　　　　　　　　　　B. cal([1,2,3])

C. cal('1','2','3')　　　　　　　　D. cal(a=1,b=2,c=3)

3. 给出如下函数定义，（　　　）是正确的调用方式。

```
def f(* * p):
    k=1
    for i in p.values():
        k=k* i
    return k
```

A. f([1,2,3])　　　　　　　　　　B. f(1,2,3)

C. f(a=1,b=2,c=3)　　　　　　　D. f('1','2','3')

4. 简单变量作为实参时，它和对应的形参之间的数据传递方式是（　　　）。

A. 由形参传给实参

B. 由实参传给形参

C. 由实参传给形参，再由形参传给实参

D. 由用户指定传递方向

5. 以下说法不正确的是（　　　）。

A. 在不同函数中可以使用相同名字的变量

B. 函数可以减少代码的重复,也使得程序可以更加模块化

C. 主调函数内的局部变量,在被调函数内不赋值也可以直接读取

D. 函数体中如果没有 return 语句,也会返回一个 None 值

6. Python 声明全局变量的关键字是(   )。

A. global   B. public

C. default   D. all

7. 若一个函数在内部调用自身,这样的函数称为(   )。

A. 递归函数   B. 回溯函数

C. 内嵌函数   D. 回调函数

8. Python 语句 print(type(lambda:None))的输出结果是(   )。

A. <class 'NoneType'>   B. <class 'tuple'>

C. <class 'type'>   D. <class 'function'>

9. Python 中,若 def f(a,b,c):print(a+b),则 nums=(1,2,3);f(* nums)的程序运行结果是(   )。

A. 语法错   B. 6

C. 3   D. 1

10. 定义一个函数,若没有 return 语句,则返回值为(   )。

A. void   B. 空字符串

C. None   D. null

二、简答题

1. Python 如何定义一个函数?

2. 什么是递归函数?在递归函数使用过程中,为什么需要设置终止条件?

3. 下面 Python 程序的功能是什么?输出结果是什么?

```
def f(a,b):
if b==0: print(a)
else:f(b, a% b)
print(f(9,6))
```

4. 下列 Python 语句的输出结果是(   )。

```
def judge(param1,* param2):
print(type(param2))
print(param2)
judge(1,2,3,4,5)
```

5. 下列 Python 语句的输出结果是(   )。

```
def judge(param1,* * param2):
print(type(param2))
print(param2)
judge(1,a=2,b=3,c=4,d=5)
```

三、编程题

1. 编写函数,判断输入年份 n 是否为闰年。若是闰年,返回 True;否则返回 False。

2. 采用递归函数实现二分查找。

提示：

采用递归思想，每次搜索原来数据的一半，直到搜索成功或待搜索数据为空。

3.编写程序，定义一个求阶乘的函数 fact(n)，并编写测试代码，要求输入整数 n(n≥0)。运行效果如下所示。请分别使用递归和非递归方式实现。

```
请输入整数 n(n>=0):5
5! =120
```

4.编写程序，利用可变参数定义一个求任意一系列数的最小值的函数 min_n(a,b,*c)，并编写测试代码。例如，对于"print(min_n(8,2))"以及"print(min_n(16,1,7,4,15))"的测试代码，程序运行结果如下所示。

```
最小值为 2
最小值为 1
```

5.编写程序，利用元组作为函数的返回值，求系列类型中最大值、最小值和元素个数，并编写测试代码，假设测试数据分别为 s1＝[9,7,8,3,2,1,55,6]、s2＝["apple"，"pear"，"melon"，"kiwi"]和 s3＝"TheQuickBrownFox"。运行效果如下所示。

```
list=[9,7,8,3,2,1,55,6]
最大值=55,最小值=1,元素个数=8
list=[' apple ',' pear ',' melon ',' kiwi ']
最大值=pear,最小值=apple,元素个数=4
list=TheQuickBrownFox
最大值=x,最小值=B,元素个数=16
```

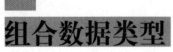

第 5 章

组合数据类型

我们不仅需要对简单的数据进行处理,通常情况下还需要对一组数据进行批量处理。例如我们现在有一个班级学生信息,需要统计每个学生信息并按照身高对学生进行排序。每个学生信息包括姓名、学号、性别、年龄、身高等。计算机需要在内存中有效组织这些数据,并按照学生信息中的身高对数据进行排序。此时,如果我们只使用 Python 的基本数据类型,那么处理起来将非常烦琐且容易出错。

组合数据类型将多个同类型或不同类型数据组织起来,通过统一表示使得对数据的操作更有序、更容易。根据数据之间的关系可以将组合数据类型分为 3 类:序列类型、集合类型和映射类型。(见图 5.1)

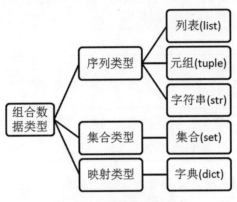

图 5.1　组合数据类型分类

序列类型是一个元素向量,元素之间存在先后顺序,具体类型包括:列表、元组和字符串。

集合类型是一个元素集合,元素之间没有先后关系,元素之间不重复。

映射类型是“键-值”对形式,元素之间无序,每个元素都是一个键值(key,value)对,其中“键”不重复。

5.1　序列类型

5.1.1　序列类型的操作

序列类型是列表、元组和字符串三种类型的统称,因为这三个类型的元素之间具有先后顺序。序列类型具有一些相同的操作和内置函数操作。序列类型可以通过下标索引序列中的元素,可以通过切片获取子序列,可以通过 len()、sorted()、count()等内置函数对序列进行操作。对序列的具体操作如表 5.1 所示,此表按优先级升序列出了序列操作。在表格中,s 和 t 是具有相同类型的序列,n,i,j 和 k 是整数,而 x 是任何满足 s 所规定的类型和值限制的任意对象。

表 5.1　序列操作表

运　算	结　果
x in s	如果 s 中的某项等于 x,则结果为 True,否则为 False

运　　算	结　　果
x not in s	如果 s 中的某项等于 x,则结果为 False,否则为 True
s＋t	s 与 t 相拼接
s * n 或 n * s	相当于 s 与自身进行 n 次拼接
s[i]	s 的第 i 项起始为 0
s[i:j]	s 从 i 到 j 的切片
s[i:j:k]	s 从 i 到 j 步长为 k 的切片
len(s)	s 的长度
min(s)	s 的最小项
max(s)	s 的最大项
s. index(x[,i[,j]])	x 在 s 中首次出现项的索引号(索引号在 i 或其后且在 j 之前)
s. count(x)	x 在 s 中出现的总次数

　　x in s 和 x not in s 用来检测 x 是否为 s 的成员,对于部分专有序列还可以检测 x 是否为 s 的子序列。例如:

```
s= "i am a czu student"
print("z" in s)                #True
print("czu" in s)              #True
print("cu" in s)               #False
print("czu" not in s)          #False
print("cu" not in s)           #True
```

　　s＋t 可以实现两个序列的拼接。例如:

```
s="Hello"
t="World"
print(s+t)                     #HelloWorld
```

　　n＊s 或者 s＊n 实现对于序列自身 s 的 n 次拼接。小于 0 的 n 值会被当作 0 来处理(生成一个与 s 同类型的空序列)。例如:

```
s="czu"
print(3* s)             #czuczuczu
print(s* 3)             #czuczuczu
print(s* 0)             #"" 空字符串
print(s* -3)            #"" 空字符串
```

　　请注意,序列 s 中的项并不会被拷贝,它们会被多次引用。这一点对于新手需要注意。例如:

```
s=[[]]* 3
print(s)                       #[[], [], []]
s[0].append("czu")
print(s)                       #[['czu'], ['czu'], ['czu']]
```

在这个例子中 s 是一个列表,有三个元素,每个元素都是一个列表。但这三个元素实际上引用的是同一个对象,所以当修改了第 0 个列表的值时,第 1 和 2 个元素的值也会发生变化。

序列中的元素具有先后顺序,可以通过序列中元素的索引访问序列中的元素,或者通过切片操作获取序列的子序列。

图 5.2 所示是一个有五个元素的列表,可以通过正向索引 0～4 去访问这些元素,也可以通过−5～−1 反向索引访问这些元素。

```
s=["中国","安徽","池州","九华山","平天湖"]
print(s[1],"&",s[-1])              #安徽 & 平天湖
print(s[2:4])                       #['池州', '九华山']
```

图 5.2　序列类型索引示意图

还可以对序列进行一些内置函数或序列方法的操作。例如:

```
s=[3,1,4,1,5,9,2,6]
print(max(s))                       #9
print(min(s))                       #1
print(s.index(5))                   #4
print(s.count(1))                   #2
```

5.1.2　可变序列与不可变序列

不可变序列类型普遍实现而可变序列类型未实现的唯一操作就是对 hash()内置函数的支持。hash()对参数进行哈希运算,可以将任意长度的二进制值映射成为较短的固定长度的二进制,这个小的二进制被称为哈希值。哈希运算是对数据的一种不可恢复的压缩表示。这种支持 hash()操作的属于不可变类型,例如元组。不可变序列实例可以用作字典的键以及存储在集合实例中。

对于列表这种可变序列还可以完成表 5.2 所示的这些操作。表格中的 s 是可变序列类型的实例,t 是任意可迭代对象,而 x 是符合对 s 所规定类型与值限制的任何对象。

表 5.2　可变序列操作

运　　算	结　　　果
s[i]＝x	将 s 的第 i 项替换为 x
s[i:j]＝t	将 s 从 i 到 j 的切片替换为可迭代对象 t 的内容
del s[i:j]	等同于 s[i:j]＝[]
s[i:j:k]＝t	将 s[i:j:k]的元素替换为 t 的元素

运　　算	结　　果
del s[i:j:k]	从列表中移除 s[i:j:k]的元素
s. append(x)	将 x 添加到序列的末尾（等同于 s[len(s):len(s)]=[x]）
s. clear()	从 s 中移除所有项（等同于 del s[:]）
s. copy()	创建 s 的浅拷贝（等同于 s[:]）
s. extend(t)或 s += t	用 t 的内容扩展 s（基本上等同于 s[len(s):len(s)]=t）
s *= n	使用 s 的内容重复 n 次来对其进行更新
s. insert(i, x)	在由 i 给出的索引位置将 x 插入 s（等同于 s[i:i]=[x]）
s. pop()或 s. pop(i)	提取在 i 位置上的项，并将其从 s 中移除
s. remove(x)	删除 s 中第一个 s[i] 等于 x 的项目
s. reverse()	就地将列表中的元素逆序

这些操作大多涉及对序列中元素的增加、删除或修改。列表是一种典型的可变序列，在 5.2.2 节列表的操作中会具体介绍以上这些操作。

5.2　列表

列表(list)类型是一种典型的序列类型数据。列表是可以包含 0 个或多个引用对象的有序序列，属于序列类型。列表是一种可变有序容器，列表中的内容和列表的长度都可变。列表可根据需要对元素进行增加、删除和修改。列表没有长度限制，且元素的类型可以不同，使用起来非常灵活。

5.2.1　列表的创建

常用的创建列表的方式有以下三种：
(1)使用方括号，其中的项以逗号分隔：[a]，[a，b，c]。
(2)使用列表推导式：[x for x in iterable]。
(3)使用列表构造器：list() 或 list(iterable)。
第一种方法:使用方括号"[]"。例如：

```
mylist1=[1,2,3]
print(mylist1)
mylist2=[123,"czu",[]]
print(mylist2)
```

结果如下：

```
[1, 2, 3]
[123, 'czu', []]
```

以上通过中括号创建了 mylist1 和 mylist2 两个列表。mylist1 列表中有三个元素，分别为整型 1、2 和 3；mylist2 列表中有三个元素，分别为整型 123、字符串"czu"和一个空的列表[]。

第二种方法:使用列表推导式。例如:

```
mylist1=[i* i for i in range(5)]
print(mylist1)
mylist2=[i* i for i in range(10) if i % 2 ==0]
print(mylist2)
```

结果如下:

```
[0, 1, 4, 9, 16]
[0, 4, 16, 36, 64]
```

以上通过列表推导式创建了 mylist1 和 mylist2 两个列表。mylist1 是由 0 到 5 中的每个数字的平方为元素的列表;mylist2 列表是由 0 到 10 之间的偶数的平方为元素的列表。关于列表推导式的用法会在 5.2.2 节详细介绍。

第三种方法:使用列表构造器 list()。例如:

```
mylist1=list()
print(mylist1)
mylist2=list("czu")
print(mylist2)
mylist3=list(range(5))
print(mylist3)
[]
```

结果如下:

```
['c','z','u']
[0, 1, 2, 3, 4]
```

以上通过列表构造器 list()创建了 mylist1、mylist2 和 mylist3 三个列表。mylist1 是调用无参构造器 list()创建了一个空的列表;mylist2 给构造器传递了一个字符串对象"czu",获得一个含有三个对象 'c'、'z' 和 'u' 的列表;mylist3 给构造器传递了一个可迭代对象 range(5),得到了一个 0 到 4 五个元素的列表。

5.2.2　列表的操作

1.列表访问

列表是一种序列,可以按照下标访问列表中的元素。列表中的每个元素都有对应的索引号,用正向索引或反向索引可以访问列表中的元素,列表索引可参考 5.1.1 节图 5.2 所示。

若定义了一维列表 lst1=[1,2,3,4,5],要访问其中的元素 4 可通过 lst1[3]或者 lst1[-2]。若定义了二维列表 lst2=[[1,2,3],[3,4],[5,6]],要访问元素 4,先通过索引找到列表[3,4],再通过索引找到 4,所以索引 lst2[1][1],lst2[-2][-1],lst2[-2][1],lst2[1][-1]均可以访问到元素 4。

列表是一种可变序列数据类型,对于列表的访问既可以读取元素内容,也可以修改指定下标元素。例如:

```
lst=[1,2,3,4,5]
print(lst[1])
lst[1] * =10
print(lst)
lst[2]=[100,200]
print(lst)
```

结果如下：

```
2
[1, 20, 3, 4, 5]
[1, 20, [100, 200], 4, 5]
```

在以上例子中初始化列表 lst，通过 print(lst[1])读取到列表中下标为 1 的元素 2；通过 lst[1] * =10 读取到下标为 1 的元素 2，然后乘以 10 后赋值给下标为 1 的对象；通过 lst[2] =[100,200]将列表[100,200]作为对象赋值给下标为 2 的元素。

列表的遍历是指访问列表中每个元素，一般通过循环完成。Python 提供了 3 种遍历方法：索引访问、枚举访问和索引枚举访问。

第 1 种方法：索引访问。索引访问采用 for 循环，根据列表的长度直接通过控制访问下标实现对列表中所有元素的访问。例如：

```
lst=[3,2,7,4,9,8]
for i in range(len(lst)):
    if(lst[i]% 2==0):
        print(i,lst[i])
```

结果如下：

```
1 2
3 4
5 8
```

以上程序初始化了列表 lst，通过 for i in range(len(lst))遍历列表下标，通过下标 i 访问列表中的元素，并打印出元素的值为偶数的元素索引值和元素的值。

第 2 种方法：枚举访问。枚举访问通过 for 循环直接访问列表中的元素。通过枚举访问不需要控制索引下标，不需要担心因为下标控制不当导致下标越界。例如：

```
lst=["abc","czu","chizhou","abs "]
for word in lst:
    if word.find("ab") > =0:
        print(word)
        word="python "
print(lst)
```

结果如下：

```
abc
abs
['abc', 'czu', 'chizhou', 'abs']
```

以上程序希望通过遍历 lst 找到列表中包含"ab"子串的单词，并打印出来。通过 for word in lst 依次将 lst 中的每一个元素赋值给 word。需要指出的是，当列表中的元素是一个不可变对象时,通过这种方式遍历列表中的元素,不能修改该元素的值。在这个例子中元素为字符串,就是一种不可变对象,所以在循环中 word＝"python"并不会改变列表中元素的值。

第 3 种方法:索引枚举访问。索引访问需要控制好索引,不能出现索引越界。枚举访问不方便定位元素在列表中的位置。可借助 enumerate 实现对列表中索引和元素的同时访问,且不用担心索引越界问题。

```
lst=["abc","czu","chizhou","abs"]
for i,word in enumerate(lst):
    if word.find("ab") > =0:
        print(i,word)
```

结果如下:

```
0 abc
3 abs
```

以上程序借助 enumerate 同时访问列表的索引和列表的元素,并将符合条件的元素索引和元素打印出来。

例 5.1　　lst 存放学生期末成绩信息,成绩 x 可分为优秀:x＞＝90、良好:80＜＝x＜90、一般:70＜＝x＜80、及格:60＜＝x＜70 和不及格:x＜60 五个等次。请遍历 lst 列表打印出各位同学的序号、学生信息、成绩和成绩等次。学生信息表如表 5.3 所示。

表 5.3　学生信息表

张一航	18	男	64
李芳	19	女	85
石宏宇	18	男	92
赵继伟	18	男	88
刘小雨	17	女	95

在这个例子中需要打印元素索引和元素内容,索引通过索引枚举访问方式遍历列表中的信息。具体程序如下:

```
lst= [["张一航",18,"男",64],
      ["李芳",19,"女",85],
      ["石宏宇",18,"男",92],
      ["赵继伟",18,"男",88],
      ["刘小雨",17,"女",95]]
for i,stu in enumerate(lst):
    if stu[3] > =90:
        print(i,stu,"优秀")
    elif stu[3] > =80:
        print(i,stu,"良好")
    elif stu[3] > =70:
        print(i,stu,"一般")
```

```
    elif stu[3] > =60:
        print(i,stu,"及格")
    else:
        print(i,stu,"不及格")
```

结果如下：

```
0['张一航', 18, '男', 64] 及格
1['李芳', 19, '女', 85] 良好
2['石宏宇', 18, '男', 92] 优秀
3['赵继伟', 18, '男', 88] 良好
4['刘小雨', 17, '女', 95] 优秀
```

以上程序通过一个二维的列表初始化所有学生的成绩信息。通过 for i,stu in enumerate(lst)遍历学生索引和学生成绩信息。根据题目可知,学生列表中下标为 3 的元素为学生成绩信息,所以根据 stu[3]可统计出各位同学的成绩等次。

2. 切片操作

列表切片是指从列表中取出片段形成新的列表。语法格式如图 5.3 所示。

图 5.3 列表切片语法示意图

mylist 从 start 到 stop 步长为 step 的切片被定义为所有满足索引号 x＝start ＋ n * step 的项组成的序列,其中 $0 <= n < (stop-start)/step$。换句话说,索引号为 start,start ＋step,start＋2 * step, start＋3 * step,以此类推,当达到 stop 时停止（不包括 stop）。

如果 start 或 stop 被省略或为 None,会使用 start、stop 的默认"终止"值,即当 step 为正数时,start 的默认值为 0,stop 的默认值为 len(mylist),当 step 为负数时,start 的默认值为－1,stop 的默认值为－(len(mylist)＋1)。

> **注意**:step 不可为零。如果 step 为 None,则当作 1 处理。

例如：

```
mylist=[1,2,3,4,5,6,7,8,9,10]
print('mylist[2:8:2]',mylist[2:8:2])
print('mylist[2:8]',mylist[2:8])
print('mylist[:8:2]',mylist[:8:2])
print('mylist[2::2]',mylist[2::2])
print('mylist[:]',mylist[:])
```

```
print('\nmylist[0:len(mylist):1]',mylist[0:len(mylist):1])
print('mylist[::1]',mylist[::1])


print('\nmylist[-1:-(len(mylist)+1):-1]',mylist[-1:-(len(mylist)+1):-1])
print('mylist[::-1]',mylist[::-1])


mylist[2:8:2] [3, 5, 7]                      #取下标从 2 到 8(不包括 8),step 为 2
mylist[2:8] [3, 4, 5, 6, 7, 8]              #step 取默认值 1
mylist[:8:2] [1, 3, 5, 7]                    #start 取默认值 0
mylist[2::2] [3, 5, 7, 9]                    #stop 取默认值 len(mylist),即 10
mylist[:] [1, 2, 3, 4, 5, 6, 7, 8, 9, 10]  #全部取默认值,得到与 mylist 相同列表
mylist[0:len(mylist):1] [1, 2, 3, 4, 5, 6, 7, 8, 9, 10]
mylist[::1] [1,2,3,4,5,6,7,8,9,10]
#当 step>0 时,start 默认 0,stop 默认 len(mylist)


mylist[-1:-(len(mylist)+1):-1] [10, 9, 8, 7, 6, 5, 4, 3, 2, 1]
mylist[::-1] [10,9,8,7,6,5,4,3,2,1]
#当 step<0 时,start 默认-1,stop 默认-(len(mylist)+1)
```

由于列表索引存在正向索引和反向索引,故列表切片需要注意以下几点:

(1)当 step>0 时,索引顺序相对于 mylist 的头部;当 step<0 时,索引顺序相对于 mylist 的末尾。step 的值不可以取 0。

(2)如果 start 或者 stop 为负值,则相应索引会被替换成 len(mylist)+start 或 len(mylist)+stop。此时若 step>0,start 和 stop 取值的边界点为 0 和 len(mylist);若 step<0,start 和 stop 取值的边界点为 len(mylist)-1 和-1。如果 start 或 stop 依然不在这个范围,则需要退化(reduce)到当前取值较近的边界点。

(3)所谓 start 和 stop 的默认值,当索引顺序相对于 mylist 头部时,start 默认取头部边界点 0,stop 尾部边界点 len(mylist);当索引顺序相对于 mylist 末尾时,start 默认取列表最末尾元素的索引,stop 取最前面元素前一位索引。

例如:

```
mylist=[1,2,3,4,5,6,7,8,9,10]
print("mylist[-8:-4]",mylist[-8:-4])
print("mylist[-8:6]",mylist[-8:6])
print("mylist[2:-4]",mylist[2:-4])
print("mylist[2:6]",mylist[2:6])
```

结果如下:

```
mylist[-8:-4] [3, 4, 5, 6]
mylist[-8:6] [3, 4, 5, 6]
mylist[2:-4] [3, 4, 5, 6]
mylist[2:6] [3, 4, 5, 6]
```

在上面的例子中,当 start 或 stop 取负数时,可将相应的 start 或 stop 加上 10 后统一为

start＝2 和 stop＝6，所以它们切片得到的列表是一样的。例如：

```
mylist=[1,2,3,4,5,6,7,8,9,10]
print("mylist[-20:-4]",mylist[-20:-4])
print("mylist[-4:16]",mylist[-4:16])
print("mylist[2:-16]",mylist[2:-16])
```

结果如下：

```
mylist[-20:-4] [1, 2, 3, 4, 5, 6]
mylist[-4:16] [7, 8, 9, 10]
mylist[2:-16] []
```

上面的例子分析如下：

mylist[－20:－4]：start 和 stop 均小于 0，均加上 10 得到 start＝－5 和 stop＝6，注意 start 已经加过 len(mylist)，所以 start＝－5 表示的不是列表中元素 6 的位置，而是列表头部再往前 5 个位置，start 需要退化(reduce)到 0 到 10 较近的 0，即 start＝0。

mylist[－4:16]：start 取值小于 0，加上 10 后得到 start＝6，stop＝16，stop 取值超出边界，退化到 10。

mylist[2:－16]：stop 取值小于 0，加上 10 后得到 stop＝－6，stop 取值超出边界，退到较近边界 0。所以补不到任何元素。

3. 列表推导式

列表推导式提供了一个简单的创建列表的方法。常见的用法是把某种操作应用于序列或可迭代对象的每个元素上，然后使用其结果来创建列表，或者通过满足某些特定条件元素来创建子序列。

简单的语法格式如下：

```
mylist=[Expression(var) for var in iterableObj]
```

mylist：表示生成的列表名称。

Expression(var)：表达式，用于计算新列表的元素。

var：循环变量。

iterableObj：可迭代对象。

列表推导式可以转换为相应的循环语句，如图 5.4 所示。

```
mylist = [Expression(var) for var in iterableObj]

                    ⇕ 等价于

mylist = []
for var in iterableObj:
    mylist.append(Expression(var))
```

图 5.4　列表推导式与 for 循环对应关系示意图

复杂的列表推导式可以包含多重循环，也可以包含 if 语句用来过滤元素，相应的与循环语句的对应关系示意图如图 5.5 和图 5.6 所示。

mylist = [Expression(var) for var in iterableObj if condition]

⇕ 等价于

mylist = []
for var in iterableObj:
  if condition:
    mylist.append(Expression(var))

图 5.5　包含 if 条件的列表推导式与 for 语句对应关系示意图

mylist = [Expression(v1,v2) for v1 in iterObj1 for v2 in iterObj2]

⇕ 等价于

mylist = []
for v1 in iterObj1:
  for v2 in terObj2:
    mylist.append(Expression(v1,v2))

图 5.6　包含二重循环的列表推导式与 for 语句对应关系示意图

例如:

```python
mylist1=[i* * 2 for i in range(5)]
print(mylist1)
mylist2 =[type(item) for item in ["czu",2022,True]]
print(mylist2)
```

结果如下:

```
[0, 1, 4, 9, 16]
[< class'str'> , < class'int'> , < class'bool'> ]
```

在以上例子中,mylist1 的列表推导式中循环变量 i 遍历可迭代对象 range(5),将每个元素的平方作为要生成的列表中的元素。mylist2 的列表推导式中循环变量 item 依次遍历可迭代对象(列表)中的每个元素,将每个元素的类型作为新列表的元素。

例如:

```python
name=["xiaoA","xiaoB","xiaoC","xiaoD","xiaoE"]
age=[18,17,19,16,18]
mylist3=[[n,a] for n,a in zip(name,age) if a< 18]
print(mylist3)
```

结果如下:

```
[['xiaoB', 17], ['xiaoD', 16]]
```

在以上例子中,使用列表推导式生成新的列表 mylist3,每个元素本身也是一个列表,同时新列表通过 if 语句过滤,只保留年龄 age<18 的学生信息。

```python
mylist4=["{}x{}={}".format(i,j,i* j) for i in range(10) for j in range(10) if i
* j! =0 and i > =j]
print(mylist4)
```

结果如下:

```
['1x1=1', '2x1=2', '2x2=4', '3x1=3', '3x2=6', '3x3=9', '4x1=4', '4x2=8', '4x3=12',
'4x4=16', '5x1=5', '5x2=10', '5x3=15', '5x4=20', '5x5=25', '6x1=6', '6x2=12', '6x3=18',
'6x4=24', '6x5=30', '6x6=36', '7x1=7', '7x2=14', '7x3=21', '7x4=28', '7x5=35', '7x6=42',
'7x7=49', '8x1=8', '8x2=16', '8x3=24', '8x4=32', '8x5=40', '8x6=48', '8x7=56', '8x8=64',
'9x1=9', '9x2=18', '9x3=27', '9x4=36', '9x5=45', '9x6=54', '9x7=63', '9x8=72',
'9x9=81']
```

以上列表推导式生成一个乘法口诀表为元素的列表,这个例子中使用到了二重循环和if 判断语句。

4. 列表运算

列表是一种可变序列,所以列表支持 5.1.1 节和 5.1.2 节中序列的相应操作。这里主要介绍列表链接运算"+"、列表复制运算"*"和测试运算"in"。

(1)列表链接运算"+"。

语法:列表 1+列表 2。

结果:返回一个列表 1 中元素和列表 2 中元素拼接在一起的新的列表。例如:

```
print([1,2,3]+[4,5,6])
print([1,2,3]+['a','b','c'])
```

结果如下:

```
[1, 2, 3, 4, 5, 6]
[1, 2, 3, 'a', 'b', 'c']
```

需要注意的是,在列表链接运算中"+"两边都应该是列表,否则会出现如下错误。

```
print([1]+2)
```

执行结果如下:

```
-------------------------------------------------------------
--------------
TypeError                    Traceback (most recent call last)
< ipython-input-82-2ca67f3824be> in < module>
----> 1 print([1]+2)

TypeError: can only concatenate list (not "int") to list
```

(2)列表复制运算"*"。

语法:正数 * 列表,或列表 * 正数。

结果:返回一个将列表复制正数次的新的列表。

```
print([1,2,3]* 3)
print(2* ["czu"])
print(["a","b","c"]* 0)
print(["a","b"]* -1)
```

执行结果如下:

```
[1, 2, 3, 1, 2, 3, 1, 2, 3]
['czu', 'czu']
[]
[]
```

从以上例子可以看出正数和列表的顺序不会影响到返回的结果。当整数取 0 或负值时会清空列表。

列表的复制运算不会拷贝列表中的元素，而是会多次引用。例如：

```
lst1=[1]* 3
lst1[0]=2
print(lst1)
lst2=[[1]]* 3
lst2[0][0]=2
print(lst2)
```

执行结果如下：

```
[2, 1, 1]
[[2], [2], [2]]
```

以上例子中 lst1 中的元素是一个不可变对象，在复制后改变第 0 个元素。

列表复制运算内存示意图如图 5.7 和图 5.8 所示。

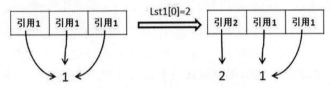

图 5.7　列表复制运算内存示意图 1

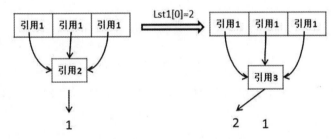

图 5.8　列表复制运算内存示意图 2

(3)列表测试运算"in"。

语法：item in 列表。

结果：返回布尔值。若 item 是列表的元素返回 True，否则返回 False。例如：

```
print(3 in [1,2,3])
print(3 in ['1','2','3'])
```

执行结果如下：

```
True
False
```

5. 插入删除

列表是一种可变序列，所以支持对列表中元素的插入和删除。插入删除相关操作如表 5.4 所示。

表 5.4　列表插入删除方法表

运　　算	结　　果
del s[i:j:k]	从列表中移除 s[i:j:k]的元素
s.clear()	从 s 中移除所有项（等同于 del s[:]）
s.insert(i, x)	在由 i 给出的索引位置将 x 插入 s（等同于 s[i:i]=[x]）
s.pop()或 s.pop(i)	提取在 i 位置上的项，并将其从 s 中移除
s.remove(x)	删除 s 中第一个 s[i] 等于 x 的项目
s.append(x)	将 x 添加到序列的末尾（等同于 s[len(s):len(s)]=[x]）
s.extend(t)	用 t 的内容扩展 s（基本上等同于 s[len(s):len(s)]=t）

del s[i:j:k]会删除掉列表 s 中索引从 i 到 j 步长为 k 不包括下标 j 的元素。步长为 1 时可以省略。例如：

```
lst=[0,1,2,3,4,5]
del lst[2:4]
print(lst)
[0, 1, 4, 5]
```

以上例子通过 del 删除了列表 lst 中索引从 2 到 4(不包括 4)的元素。注意 del 操作直接删除了操作列表中的对应元素，不是返回一个新的列表。

s.clear()从列表 s 中移除所有项，效果等同于 del s[:]。例如：

```
lst=["c","z","u"]
lst.clear()
print(lst)
```

执行结果如下：

```
[]
```

s.insert(i, x)在列表 s 中索引为 i 的位置将元素 x 插入。原来在 i 以及 i 后面的元素的索引加 1。例如：

```
lst=["i","China"]
print(list(enumerate(lst)))
lst.insert(1,"love")
print(list(enumerate(lst)))
```

执行结果如下：

```
[(0, 'i'), (1, 'China')]
[(0, 'i'), (1, 'love'), (2, 'China')]
```

s.pop()或 s.pop(i) 提取索引为 i 的元素，并在原列表中删除该元素。如果没有给出索引值，则返回列表末尾元素并删除该元素，即可以认为 i 的默认值为-1。例如：

```
lst=['a','b','c','d','e']
print(lst.pop())
print(lst)
lst.pop(1)
print(lst)
```

执行结果如下：

```
e
['a', 'b', 'c', 'd']
['a', 'c', 'd']
```

s.remove(x) 删除掉列表 s 中第一次出现的元素 x。例如：

```
lst=[3,1,4,1,5,9,2,6]
lst.remove(1)
print(lst)
lst.remove(8)
print(lst)
```

执行结果如下：

```
[3, 4, 1, 5, 9, 2, 6]
---------------------------------------------------------------
--------------
ValueError                      Traceback (most recent call last)
< ipython-input-104-3e07dec07d6c> in < module>
      2lst.remove(1)
      3 print(lst)
----> 4lst.remove(8)
      5 print(lst)
ValueError: list.remove(x): x not in list
```

通过以上例子可以看出，如果列表中存在元素 x，则会删除掉从前到后第一次出现的 x 元素。如果列表中不存在元素 x，则会报出 ValueError 的错误信息。

例 5.2 有列表 mylist=[3,1,4,1,5,5,2,6,5,3,5]，请删除掉列表 mylist 中所有的元素 5。

分析：删除列表中的指定元素的方法有很多，这里介绍以下 3 种方法。

第一种方法：可以通过先数出 5 的个数 n 再调用 n 次 remove(5)。具体实现代码如下：

```
mylist=[3,1,4,1,5,5,2,6,5,3,5]
n =mylist.count(5)
for i in range(n):
mylist.remove(5)
print(mylist)
```

执行结果如下：

```
[3, 1, 4, 1, 2, 6, 3]
```

第二种方法：可以通过列表推导式过滤掉值为 5 的元素。具体实现代码如下：

```
mylist=[3,1,4,1,5,5,2,6,5,3,5]
mylist=[item for item in mylist if item ! =5]
print(mylist)
```

执行结果如下：

```
[3, 1, 4, 1, 2, 6, 3]
```

第三种方法：可以通过调用内置函数 filter 过滤。

filter(function,iterable)用 iterable 中函数 function 返回真的那些元素,构建一个新的迭代器。由于返回的是一个迭代器,所以需要对返回值通过 list()构造器转换为列表。具体实现代码如下:

```
mylist=[3,1,4,1,5,5,2,6,5,3,5]
mylist=list(filter(lambda x:x! =5,mylist))
print(mylist)
```

执行结果如下:

```
[3, 1, 4, 1, 2, 6, 3]
```

s.append(x)将 x 添加到序列的末尾。

```
lst=[1,2,3,4]
lst.append(5)
print(lst)
```

执行结果如下:

```
[1, 2, 3, 4, 5]
```

s.extend(t)用 t 的内容扩展 s。例如:

```
s=[1,2,3]
t=[4,5,6]
s.extend(t)
print(s)
```

执行结果如下:

```
[1, 2, 3, 4, 5, 6]
```

注意对比 s.append(x)方法与 s.extend(x)方法的区别。append 将 x 做一个元素对象追加到 s 列表的末尾,x 可以是任意对象。extend 的参数必须是可迭代对象,并且实现了两个对象的拼接。通过以下例子对比 append 与 extend 的区别:

```
s1=[1,2,3]
t1=[4,5,6]
s1.append(t1)
print(s1)
print("len(s1):",len(s1))

s2=[1,2,3]
t2=[4,5,6]
s2.extend(t2)
print(s2)
print("len(s2):",len(s2))
```

执行结果如下:

```
[1, 2, 3, [4, 5, 6]]
len(s1): 4
[1, 2, 3, 4, 5, 6]
len(s2): 6
```

6.常用函数

列表是一种可变序列,支持前文 5.1.1 节表 5.1 和 5.1.2 节表 5.2 的序列和可变序列操作。同时可以调用内置函数实现对列表的操作。部分列表操作已经在列表插入删除部分介绍过,这里就不再赘述,只介绍表 5.5 所示的常用函数。

表 5.5　列表内置函数列表

运　　算	结　　果
max(L)	返回列表中最大的元素
min(L)	返回列表中最小的元素
len(L)	返回列表中元素的个数
sum(L)	返回列表中各元素和
sorted(L)	返回排序后的列表,默认升序;若 reverse=True,则为降序
L. sort()	对列表 L 进行排序,默认为升序;若 reverse=True,则为降序
L. count(x)	返回 x 在列表 L 中出现的次数
L. reverse()	将列表各元素逆序

max、min、len、sum 和 sorted 等属于内置函数,操作结果以返回值形式返回,不会改变原列表。设有列表 L=[3,1,4,1,5,9]:

```
L=[3,1,4,1,5,9]
print("max(L)",max(L))
print("min(L)",min(L))
print("len(L)",len(L))
print("sum(L)",sum(L))
print("sorted(L)",sorted(L))
print("L",L)
```

执行结果如下:

```
max(L) 9
min(L) 1
len(L) 6
sum(L) 23
sorted(L) [1, 1, 3, 4, 5, 9]
L [3, 1, 4, 1, 5, 9]
```

在以上例子中可以看到,通过 sorted(L)可以返回一个升序的列表,而列表 L 中元素的顺序并没有发生改变。

与内置函数不同,列表的操作方法 sort 和 reverse 则会改变原列表 L 中元素的顺序。例如:

```
L=[3,1,4,1,5,9]
L.sort()
print("L",L)
print("L.count(1)",L.count(1))
L.reverse()
print("L after reverse",L)
```

执行结果如下：

```
L [1, 1, 3, 4, 5, 9]
L.count(1) 2
L after reverse [9, 5, 4, 3, 1, 1]
```

在以上例子中可以看到列表方法 sort 和 reverse 都是对原列表 L 进行修改。

5.2.3　列表的应用

某班的 Python 程序设计课程期末考试成绩如表 5.6 所示，完整成绩信息保存在文件 score.txt 中。getData(datafile)读取该文件并返回列表。请统计以下信息：

(1)统计该班成绩的算术平均值、标准差。

(2)打印出最高分、最低分对应同学的信息。

表 5.6　期末成绩表

学　号	姓　名	成　绩
2101001	仇媛媛	82
2101002	胡新月	89
2101003	刘欣	82
2101004	万小华	95
2101005	彭志新	80
2101006	孙佳佳	95
2101007	曹军	76
2101008	常鹏	76
2101009	程胜	82
2101010	邓浩	89
2101011	董昊	79
2101012	方启剑	80

```
def getData(datafile):
    data=[]
    for line in open(datafile):
        toks=line.strip().split()
        if len(toks) < 3:
            continue
        data.append([toks[0],toks[1],float(toks[2])])
    return data
```

根据题目意思，调用 getData(datafile)函数并测试读取文件是否成功，代码如下：

```
data =getData("./data/score.txt")
print("student number:",len(data))
print(data[:5])
```

执行结果如下：

student number：50
[['2101001', '仇媛媛', 82.0], ['2101002', '胡新月', 89.0], ['2101003', '刘欣', 82.0],
['2101004', '万小华', 95.0], ['2101005', '彭志新', 80.0]]

从以上程序及其输出可以看到文件中一共有 50 位同学的成绩。成绩信息以列表的形式返回。列表中每个同学的成绩信息也是一个列表,分别为学号、姓名和成绩。

在完成一个较为复杂的程序时,应学会分步骤打印合适的日志以检查每个步骤的输出是否符合预期,这样也方便在程序最终结果出错时快速定位问题。

(1)统计该班成绩的算术平均值、标准差。

在统计学中算术平均值和标准差的计算公式如下:

$$m = (\sum_{i=0}^{n-1} s_i)/n$$

$$d = \sqrt{(\sum_{i=0}^{n-1} (s_i - m)^2)/(n-1)}$$

计算一个列表中数据的算术平均值与标准差的函数 mean()和 dev()实现如下:

```python
from math import sqrt
def mean(score_list):
    sum=0.0
    for s in score_list:
        sum +=s
    return sum/len(score_list)
def dev(score_list):
    m=mean(score_list)
    sdev=0.0
    for s in score_list:
        sdev +=(s-m)**2
    return sqrt(sdev/(len(score_list)-1))
```

取前文读取到的 data 数据,并将其中的成绩信息提取出来,得到 score_list 列表。然后调用这里的 mean()和 dev()函数得到相应的成绩的算术平均值和标准差。具体程序和输出如下:

```python
score_list=[item[2] for item in data if len(item)==3]
m=mean(score_list)
d=dev(score_list)
print("成绩算术平均值为:",m)
print("成绩标准差为:",d)
```

执行结果如下:

成绩算术平均值为：77.48
成绩标准差为：8.85308662880596

(2)打印出最高分、最低分对应同学的信息。

前面学习过可以通过 max 和 min 获取列表中元素的最大值和最小值。当前读取成绩信息后得到的列表 data 结构如下:

[['2101001', '仇媛媛', 82.0], ['2101002', '胡新月', 89.0], ['2101003', '刘欣', 82.0], ['2101004', '万小华', 95.0], ['2101005', '彭志新', 80.0],…]

外层列表的每个元素是一个列表直接调用 max 和 min 函数结果:

```
print("成绩最大值学生信息:",max(data))
print("成绩最小值学生信息:",min(data))
```

执行结果如下:

```
成绩最大值学生信息: ['2101050', '汪佳佳', 82.0]
成绩最小值学生信息: ['2101001', '仇媛媛', 82.0]
```

以上程序是不符合预期的,该程序打印出了学号最大和学号最小的同学的信息。在调用 max 和 min 函数时列表的元素之间的比较需要指定比较的 key。如果元素本身是一个列表,则默认选取列表中第 0 个元素作为比较的 key。我们只需要在程序中将列表的索引为 2 的元素指定为比较的 key,则可以按照成绩取出最大值和最小值,修改后的程序及其输出如下:

```
print("成绩最大值学生信息:",max(data,key=lambda item:item[2]))
print("成绩最小值学生信息:",min(data,key=lambda item:item[2]))
```

执行结果如下:

```
成绩最大值学生信息: ['2101004', '万小华', 95.0]
成绩最小值学生信息: ['2101032', '王金金', 55.0]
```

这次能够打印出成绩最高和最低的同学的信息,但是通过检查成绩文件我们发现,有多位同学的成绩为 95 分,所以该程序打印出来的成绩最高同学的信息不完整。继续修改程序得到如下程序:

```
score_list=[item[2] for item in data if len(item)==3]
max_score=max(score_list)
min_score=min(score_list)
max_students=[stu for stu in data if stu[2]==max_score]
min_students=[stu for stu in data if stu[2]==min_score]
print("成绩最大值学生信息:",max_students)
print("成绩最小值学生信息:",min_students)
```

执行结果如下:

```
成绩最大值学生信息: [['2101004', '万小华', 95.0], ['2101006', '孙佳佳', 95.0]]
成绩最小值学生信息: [['2101032', '王金金', 55.0]]
```

思考与练习

在统计成绩的最大值和最小值的学生信息时,是否可以调用 sorted 或者列表方法 sort 将学生成绩信息按照成绩排序,再取其中的最高成绩和最低成绩的学生信息呢? 如果可以,请编程实现。

5.3　元组

元组是 Python 中的另一种序列型组合数据类型。元素与列表有以下相同之处:
(1)可以存储不同类型的数据元素。

(2)数据元素之间具有先后顺序。

(3)支持序列的基本操作函数和方法。

元组与列表最大的不同在于:元组属于不可变序列,列表属于可变序列。所以元组不支持可变序列相关操作,即元组不支持对元组元素的增加、删除和修改。元组是一种只读序列。

5.3.1　元组的创建

常见的创建元组的方法有以下 2 种:

(1)使用圆括弧和逗号分隔符:a,、(a,)、a, b, c 或 (a, b, c)。

(2)使用内置的 tuple:tuple() 或 tuple(iterable)。

第一种方法:使用圆括弧和逗号分隔符。这种方法是直接创建元组的方法。用这种方法创建元组时,圆括弧可以省略,当元组中只有一项时该项后的逗号不可省略。

```
t1=(1,2,3)
print("t1",t1)
t2=1,2,3
print("t2",t2)
t3="czu"
print("t3",t3)
4="czu",
print("t4",t4)
t5=()
print("t5",t5)
t6=2022,"@ czu",["床前明月光","疑是地上霜"],("举头望明月","低头思故乡")
print("t6",t6)
```

执行结果如下:

```
t1 (1, 2, 3)
t2 (1, 2, 3)
t3czu
t4 ('czu',)
t5 ()
t6 (2022, '@ czu', ['床前明月光', '疑是地上霜'], ('举头望明月', '低头思故乡'))
```

对于以上程序及其输出,需要说明以下几点:

(1)对比 t1,t2 可知,在创建元组时可以省略圆括弧。

(2)对比 t3,t4 可知,在创建只包含一个元素的元组时该元素后面的逗号","不可少。t3创建了一个字符串对象,而 t4 创建了一个元组,该元组包含了一个字符串对象。

(3)t5 说明用一对圆括弧可创建一个空的元组。

(4)t6 创建了一个包含 4 个不同类型元素的元组。

第二种方法:使用内置的 tuple:tuple() 或 tuple(iterable)。用这种方法可以将其他类型的可迭代对象转换成元组。例如:

```
print(tuple("czu"))
print(tuple([1,2,3]))
print(tuple(range(1,10,2)))
```

执行结果如下：

```
('c', 'z', 'u')
(1, 2, 3)
(1, 3, 5, 7, 9)
```

5.3.2 元组的操作

1.元组访问

对元组元素的访问与列表相同,通过"元组[索引]"方式,元组同样支持正向索引和反向索引。需要注意的是,由于元组属于不可变对象,对元组元素的访问只可读取元组元素,不可修改元组元素,即不可进行"元组[索引]＝值"的操作。

```
t="i","love","tea"
print(t)
print(t[1])
t[2]="coffee"
```

执行结果如下：

```
('i', 'love', 'tea')
love
------------------------------------------------------------
---------------

TypeError                Traceback (most recent call last)
< ipython-input-14-bc620e04dfd5>  in < module>
     2 print(t)
     3 print(t[1])
----> 4 t[2]="coffee"

TypeError: 'tuple' object does not support item assignment
```

2.元组切片

与列表一样,利用切片操作可以将元组的片段取出来形成新的元组。例如：

```
t=tuple(range(10))
print("t",t)
print("t[:5]",t[:5])
print("t[3:8:2]",t[3:8:2])
print("t[2:-3]",t[2:-3])
print("t[::-1]",t[::-1])
```

执行结果如下：

```
t (0, 1, 2, 3, 4, 5, 6, 7, 8, 9)
t[:5] (0, 1, 2, 3, 4)
t[3:8:2] (3, 5, 7)
t[2:-3] (2, 3, 4, 5, 6)
t[::-1] (9, 8, 7, 6, 5, 4, 3, 2, 1, 0)
```

3. 内置函数

适用于序列的内置函数同样也适用于元组,例如 max、min、len、sum、sorted 对于元组也适用。

```
t=17,15,28,37,22,78
print("max(t)",max(t))
print("min(t)",min(t))
print("len(t)",len(t))
print("sum(t)",sum(t))
print("sorted(t)",sorted(t))
```

执行结果如下:

```
max(t) 78
min(t) 15
len(t) 6
sum(t) 197
sorted(t) [15, 17, 22, 28, 37, 78]
```

需要注意 sorted(t)内置函数返回的不是一个元组,而是一个列表。

5.3.3 元组的应用

元组作为不可变对象,是用户表达一组固定不变的数据,应用场景包括:

(1)对变量同步赋值。

(2)作为函数特殊参数,常作为可变长参数。

(3)函数多个返回值以元组形式返回。

多变量同步赋值:

```
name,sid,score="张晓明","001",100
print("name",name)
print("sid",sid)
print("score",score)
```

执行结果如下:

```
name 张晓明
sid 001
score 100
```

两数交换:

```
x=100
y=200
x,y=y,x
print("x =",x)
print("y =",y)
```

执行结果如下：

```
x=200
y=100
```

作为函数可变长参数：

```
def f(* x):
    return sum(x)
print("f(1)",f(1))
print("f(1,2)",f(1,2))
print("f(1,2,3)",f(1,2,3))
```

执行结果如下：

```
f(1) 1
f(1,2) 3
f(1,2,3) 6
```

作为函数返回值：

```
def f(x):
    return x* * 2,x* * 3
print("f(5)",f(5))
```

执行结果如下：

```
f(5) (25, 125)
```

5.4 字符串

字符串是程序设计中非常常见的一种数据类型，也被称作 str 对象。字符串是由 Unicode 码位构成的不可变序列。例如"2022""九华山"等。由于是 Unicode 编码，Python 中字符串对中文有着很好的支持，一个中文汉字或一个英文字母都表示一个字符。

```
print("len(\"2022\")",len("2022"))
print("len(\"九华山\")",len("九华山"))
```

执行结果如下：

```
len("2022") 4              #字符串长度为 4
len("九华山") 3              #字符串长度为 3
```

5.4.1 字符串的创建

字符串的创建方式包括以下四种：

(1)用一对单引号包括的单行字符序列，如'hello world'。

(2)用一对双引号包括的单行字符序列，如"池州学院"。

(3)用一对三重引号'''包括的多行字符序列，如'''Python 程序设计'''。

(4)使用构造器 str(object，encoding='utf-8'，errors='strict')将对象转换成字符串版本。

```
print('hello world')
print("池州山好水好人更好")
print('''人固有一死
或重于泰山
或轻于鸿毛''')
num=str(2022)
print(" type(num)",type(num))
```

执行结果如下：

```
hello world
池州山好水好人更好
人固有一死
或重于泰山
或轻于鸿毛
type(num) < class'str'>
```

为表示控制符等一些具有特殊功能的符号，Python 提供了转义表示的方法，即以反斜杠加上其他表示特殊功能的符号，例如"\n""\t"等。例如由于单引号、双引号都是字符串的边界符号，如果字符串中要表示单引号或双引号需要使用转义字符。例如：

```
print("鲁迅先生曾说过,\"从来如此,便对么? \"")
```

执行结果如下：

```
鲁迅先生曾说过,"从来如此,便对么? "
```

常用的转义字符如表 5.7 所示。

表 5.7 常用转义字符

转 义 字 符	含　义	转 义 字 符	含　义
\\	反斜杠符号	\n	换行
\'	单引号	\r	回车
\"	双引号	\t	横向制表符

注意：在 Python 中还可以在字符串前加 r，即 r"内容"，表示字符串的内容不转义。

5.4.2 字符串的操作

1. 操作符

Python 提供了 5 个基本操作符，如表 5.8 所示。

表 5.8 字符串操作符

运　算	结　果
x+y	连接两个字符串 x 和 y
x * n 或 n * x	复制 n 次字符串 x

续表

运　　算	结　　果
x in s	如果 x 是 s 的子串,则返回 True,否则返回 False
x[i]	返回字符 x 中索引为 i 的字符
x[i:j:k]	切片,返回索引 i 至 j 步长为 k 的子串,不包括 j

```
str1="hello"
str2="world"
str3=str1+str2
print("str3",str3)
print("* "* 10)
print("llo" in str3)
print(str3[1])
print(str3[2::2])
```

执行结果如下:

```
str3 helloworld
* * * * * * * * * *
True
e
lool
```

例 5.3　在中国古代对男子每整十岁都有一个雅称,具体称呼如表 5.9 所示。请通过编程实现输入年龄,输出对应年龄的雅称。

表 5.9　年龄雅称对照表

年　　龄	雅　　称	年　　龄	雅　　称
10	外傅之年	60	花甲之年
20	弱冠之年	70	古稀之年
30	而立之年	80	耄耋之年
40	不惑之年	90	耄耋之年
50	知命之年	100	期颐之年

程序实现及其结果如下:

```
sAges="外傅之年弱冠之年而立之年不惑之年知命之年花甲之年古稀之年耄耋之年耄耋之年期颐之年"
iAge=int(input("请输入整数年龄:"))
pos=4* (iAge//10-1)
print(pos)
sAge=sAges[pos:pos+4]
print(iAge,"岁的雅称为:",sAge)
```

执行结果如下:

```
请输入整数年龄:20
4
20 岁的雅称为:弱冠之年
```

思考与练习

如果给出整数年龄的雅称,请编程实现对应雅称的整数年龄。

2. 内置函数

Python 提供的内置函数中与字符串处理相关的如表 5.10 所示。这里将介绍这些函数的含义和用法。

表 5.10　内置的字符串处理函数

运　算	结　果
len(x)	返回字符串 x 的长度
chr(x)	返回 Unicode 编码的 x 对应的单字符
ord(x)	返回单字符表示的 Unicode 编码
hex(x)	返回整数 x 对应十六进制数的小写形式字符串
oct(x)	返回整数 x 对应八进制数的小写形式字符串

len(x)函数介绍列表和元组时介绍过,len 能够返回一个序列中元素的个数。字符串是一种由字符组成的序列,也可以通过 len 统计出字符串中字符的个数,即字符串长度。例如:

```
s="Python 程序设计"
print("len(s)",len(s))
```

执行结果如下:

```
len(s) 11
```

ASCII 编码针对英文字符设计,为了对其他语言进行更广泛的支持,现代计算机系统逐步支持能够编码更广泛符号的 Unicode 编码。chr(x)和 ord(x)用于在单个字符和 Unicode 编码之间进行转换。chr(x)函数返回 Unicode 编码对应的字符。ord(x)返回单个字符对应的 Unicode 编码。例如:

```
print([ord(c) for c in "池州学院"])
print([chr(u) for u in [27744, 24030, 23398, 38498]])
```

执行结果如下:

```
[27744, 24030, 23398, 38498]
['池', '州', '学', '院']
```

hex(x)和 oct(x)返回的是整数 x 的十六进制和八进制的字符串,字符串以小写形式表示。例如:

```
print("hex(72)",hex(72))
print("hex(254)",hex(254))
print("oct(72)",oct(72))
print("oct(254)",oct(254))
```

执行结果如下：

```
hex(72) 0x48
hex(254) 0xfe
oct(72) 0o110
oct(254) 0o376
```

3. 字符串操作方法

在 Python 中字符串是一种不可变序列，字符串支持不可变序列的部分操作方法，同时字符串类还有一部分字符串特有的操作方法。字符串内置的操作方法有 40 多个，由于篇幅原因，这里只介绍表 5.11 中的常用方法。

表 5.11 字符串内置方法

运　算	结　果
str.lower()	返回 str 副本，全部字符小写
str.upper()	返回 str 副本，全部字符大写
str.islower()	当 str 全部字符小写返回 True，否则返回 False
str.isnumeric()	当 str 所有字符为数字时返回 True，否则返回 False
str.find(sub[,start[,end]])	返回 str[start:end]中第一次出现 sub 子串的索引。如果没找到，则返回 −1
str.endswith(sub[,start[,end]])	当 str[start:end]以 sub 结尾返回 True，否则返回 False
str.startswith(sub[,start[,end]])	当 str[start:end]以 sub 开头返回 True，否则返回 False
str.split(sep=None,maxsplit=−1)	返回一个列表，由 str 根据 sep 被分割的字符构成
str.count(sub[,start[,end]])	返回 str[start,end]中子串 sub 出现的次数
str.replace(old,new[,count])	返回 str 的副本，所有 old 子串被替换为 new。若给出 count，则替换前 count 个 old
str.strip([chars])	返回字符串的副本，去掉 str 左右出现的 chars 中列出的字符。若省略 chars，则默认为空白符
str.format()	字符串格式化
str.join(iterable)	返回一个新的字符串，由 iterable 中各元素组成，中间用 str 间隔

str.lower()、str.upper()、str.islower()、str.isnumeric()方法比较容易理解，具体实例如下。

```
s="Python 程序设计"
print("s.lower()",s.lower())
print("s.upper()",s.upper())
print("python 程序设计.islower","python 程序设计".islower())
print("3.14.isnumeric()","3.14".isnumeric())
print("314.isnumeric()","314".isnumeric())
```

执行结果如下：

```
s.lower() python 程序设计
s.upper() PYTHON 程序设计
python 程序设计.islower True
3.14.isnumeric() False
314.isnumeric() True
```

注意：islower 判断是否都是小写字符，如果字符串包含非字母字符，则忽略该字符。isnumeric 判断是否全部为数字字符，包含小数点"."也会判断为 False。

str. find(sub[,start[,end]])用来返回 str[start:end]中首次出现 sub 子串的首字符索引。如果返回−1，表示没有找到。注意：如果只是为了判断 str 中是否存在子串，可以用 in 操作符。例如：

```
s="i am a student,i like programing"
print(s.find("student"))
print(s.find("teacher"))
print("student" in s)
```

执行结果如下：

```
7
-1
True
```

str. endswith(sub[,start[,end]])和 str. startswith(sub[,start[,end]])用来判断 sub 是不是字符串的后缀和前缀。例如：

```
s="i am a student,i like programing"
index=s.find("student")
print(s.endswith("ing"))
print(s.endswith("er",7,14))
print(s.endswith("ent",7,14))
```

执行结果如下：

```
True
False
True
```

str. split(sep=None,maxsplit=−1)返回一个由字符串内单词组成的列表，使用 sep 作为分隔字符串。如果未给出 sep，则以空白符（包括空格、换行(\n)、制表符(\t)等）作为分隔符。如果给出了 maxsplit，则最多进行 maxsplit 次拆分（因此，列表最多会有 maxsplit＋1 个元素）。如果 maxsplit 未指定或为−1，则不限制拆分次数（进行所有可能的拆分）。

如果给出了 sep，则连续的分隔符不会被组合在一起，而是被视为分隔空字符串。sep 参数可能由多个字符组成。使用指定的分隔符拆分空字符串将返回[""]。例如：

```
s="i
am
a
student"
```

```
    print(s.split())                    #默认分隔符包括换行符
    print("i am a student".split())      #默认分隔符
    print("i,,you".split(","))
    print("thankabyouabveryabmuch".split("ab"))
    print("thankabyouabveryabmuch".split("ab",maxsplit=2))
```

执行结果如下：

```
['i', 'am', 'a', 'student']
['i', 'am', 'a', 'student']
['i', '', 'you']
['thank', 'you', 'very', 'much']
['thank', 'you', 'veryabmuch']
```

str. count(sub[,start[,end]]) 返回子字符串 sub 在[start,end]范围内非重叠出现的次数。可选参数 start 与 end 会被解读为切片表示法。

str. replace(old,new[,count])返回字符串的副本,其中出现的所有子字符串 old 都将被替换为 new。如果给出了可选参数 count,则只替换前 count 次出现。例如：

```
s="i am a student,i like programing "
print("s.count(a) ",s.count("a"))
print("s.replace(\"student\",\"teacher\")",s.replace("student","teacher"))
```

执行结果如下：

```
s.count(a)   3
s.replace("student","teacher") i am a teacher,i like programing
```

str. strip([chars])返回原字符串的副本,移除其中的前导和末尾字符。chars 参数为指定要移除字符的字符串。如果省略或为 None,则 chars 参数默认移除空白符。实际上 chars 参数并非指定单个前缀或后缀;而是会移除参数值的所有组合。最外侧的前导和末尾 chars 参数值将从字符串中移除。开头端的字符的移除将在遇到一个未包含于 chars 所指定字符集的字符时停止。类似的操作也将在结尾端发生。例如：

```
print('   spacious   \t \n'.strip())
print('www.czu.edu.cn'.strip('w.cn'))
print('#....... Section 3.2.1 Issue #32 .......'.strip("#."))
```

执行结果如下：

```
spacious
zu.edu
Section 3.2.1 Issue #32
```

str. join(iterable)返回一个由 iterable 中的字符串拼接而成的字符串。如果 iterable 中存在任何非字符串值包括 bytes 对象,则会引发 TypeError。调用该方法的字符串 str 将作为元素之间的分隔。

```
print(" ".join(["i","love","Python"]))
print(",".join([str(i) for i in range(5)]))
```

执行结果如下：

```
i love Python
0,1,2,3,4
```

4.字符串格式化

有些时候字符中的一部分经常会发生变化,例如"2022 年计算机学院考研录取率为40%",其中下划线部分内容随着年份、学院和录取率而发生变化。在程序设计中可以将上面这句话作为模板,根据具体年份、学院和录取率填入具体的数据得到最终字符串。

字符串格式化通过 format 方法实现,具体语法如下:

< 模板字符串>.format(< 逗号分隔的参数>)

模板字符串中有一系列槽(形如"{[n]}")用来控制参数嵌入模板的位置。如果大括弧内没有序号,则按照槽的顺序依次填入参数,如图 5.9 所示。如果大括弧内指定参数顺序,则按照指定的参数顺序填入参数,参数编号从 0 开始,如图 5.10 所示。

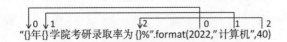

图 5.9 字符串格式化槽与参数对应关系

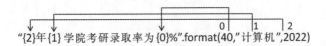

图 5.10 字符串格式化槽位指定参数顺序

```
print("{}年{}学院考研录取率为{}% ".format(2022,"计算机",40))
print("{2}年{1}学院考研录取率为{0}% ".format(40,"计算机",2022))
```

执行结果如下:

```
2022 年计算机学院考研录取率为 40%
2022 年计算机学院考研录取率为 40%
```

format()格式化字符串的槽位中除了可以包括数字序号,还可以包括格式控制信息,此时格式模板如下:

{< 参数>:< 格式控制标记> }

格式控制标记包括<填充>、<对齐>、<宽度>、<,>、<. 精度>、<类型>6 个字段,这些字段是可选的,也可以组合使用,如表 5.12 所示。

表 5.12 字符串格式控制标记

格式符号	描　　述	格式符号	描　　述
<填充>	用于填充的单个字符	<,>	数字千分位分隔符
<对齐>	<左对齐、>右对齐、^居中对齐	<. 精度>	浮点数小数部分的精度或字符串的 最大输出长度
<宽度>	设定槽位输出宽度	<类型>	整数类型 b,c,d,o,x,X;浮点类型 e,E,f,%

<填充>、<对齐>和<宽度>是 3 个相关字段。<宽度>指当前槽为输出的字符宽度,如果 format 对应的参数比设定的宽度值大,则使用实际长度。如果参数长度小于设定长度,则使用填充字符填充补齐。填充的默认字符为空格。<对齐>指参数在宽度内输出时的参数。例如:

```
print("-"* 33)
print("|{:^10}|{:^10}|{:^10}|".format("StuNum","Name","Age"))
print("-"* 33)
print("|{:^10}|{:^10}|{:^10}|".format("20220001","ZhangQi",19))
print("-"* 33)
print("|{:^10}|{:^10}|{:^10}|".format("20220002","ChengXiao",19))
print("-"* 33)
print("|{:^10}|{:^10}|{:^10}|".format("20222842","YuXiaolu",18))
print("-"* 33)
```

执行结果如下：

```
---------------------------------
|StuNum  |  Name   |  Age   |
---------------------------------
| 20220001 |ZhangQi  |   19    |
---------------------------------
| 20220002 |ChengXiao|   19    |
---------------------------------
| 20222842 |YuXiaolu|   18    |
---------------------------------
```

格式控制标记<,>用于显示数字类型的千分位分隔符。例如：

```
print("{}".format(1234567))
print("{:-^20,}".format(1234567))
print("{:-^20,}".format(1234.45678))
```

执行结果如下：

```
1234567
-----1,234,567-------
---1,234.45678-----
```

<.精度>由小数点"."开头表示两个含义。对于浮点数,表示小数部分的精度；对于字符串,表示输出的字符串最大长度。例如：

```
print("{:.2f}".format(1.23456))
print("{:* ^20.2f}".format(1.23456))
print("{:.4}".format("池州学院大数据与人工智能学院"))
```

执行结果如下：

```
1.23
********1.23********
池州学院
```

<类型>表示输出整数和浮点类型格式规则。对于整数类型,输出格式包括以下 6 种类型。

(1)b:输出整数的二进制方式。

(2)c:输出整数对应的 Unicode 字符。

(3)d:输出整数的十进制方式。

（4）o：输出整数的八进制方式。

（5）x：输出整数的小写十六进制方式。

（6）X：输出整数的大写十六进制方式。

例如：

```
print("{0:b},{0:c},{0:d},{0:o},{0:x},{0:X}".format(0x7231))
```

执行结果如下：

```
111001000110001,爱,29233,71061,7231,7231
```

对于浮点数有以下 4 种类型：

（1）e：输出浮点数对应小写字母 e 的指数形式。

（2）E：输出浮点数对应大写字母 E 的指数形式。

（3）f：输出浮点数的标准浮点形式。

（4）％：输出浮点数的百分形式。

例如：

```
print("{0:e},{0:E},{0:f},{0:% }".format(0.00349))
```

执行结果如下：

```
3.490000e-03,3.490000E-03,0.003490,0.349000%
```

5.4.3 字符串的应用

1.“强”安全密码

为了保证用户密码的安全性，一般将密码根据字符串特征分为“弱”“中”和“强”，其中“强”安全密码要求同时满足以下条件：

（1）密码长度大于等于 8。

（2）密码中至少包含数字、小写字母、大写字母和特殊字符中的 3 种。

请编程实现一个检验密码字符串是否为“强”安全密码的程序。

```
import string

def check(pwd):
    #密码必须至少包含八个字符
    if len(pwd)< 8:
        return False
    r=[False]* 4      #分别表示是否包含：数组、小写字母、大写字母和特殊字符
    for ch in pwd:
        if ch in string.digits:
            r[0]=Trueelif ch in string.ascii_lowercase:
            r[1]=Trueelif ch in string.ascii_uppercase:
            r[2]=True
        else:
            r[3]=True
```

```
        if(r.count(True) > =3):
            return True
        else:
            return False
print("123abcdef 是否为强安全密码:",check("123abcdef"))
print("123abcDEF 是否为强安全密码:",check("123abcDEF"))
print("20001203abc 是否为强安全密码:",check("20001203abc"))
print("123@ abc 是否为强安全密码:",check("123@ abc"))
print("asd* * * ASD 是否为强安全密码:",check("asd* * * ASD"))
```

执行结果如下:

```
123abcdef 是否为强安全密码：False
123abcDEF 是否为强安全密码：True
20001203abc 是否为强安全密码：False
123@ abc 是否为强安全密码：False
asd*** ASD 是否为强安全密码：True
```

2. 中文字符串格式化输出宽度

字符串格式化可以通过格式控制标记＜宽度＞来指定输出字符串的宽度,但是由于一个中文字符占 2 个宽度,而英文字符占 1 个宽度,导致包含中英文的格式化输出最终长度不一致,例如:

```
print("{:#^30}".format("大家好"))
print("{:#^30}".format("池州学院"))
print("{:#^30}".format("Python"))
```

执行结果如下:

```
##############大家好##############
############池州学院#############
############Python###########
```

思路:一个中文字符占 2 个字符宽度,设一个字符串中含有 N 个字符,在格式化字符宽度为 W 的字符串时,应该将长度格式化宽度定为 W－N。通过查阅资料可知,Unicode 编码中编码在 $0x4e00$ 与 $0x9fa5$ 之间的为中文的 Unicode 编码。按此思路可实现程序如下:

```
#统计字符串中中文字符的数量
def getChineseCharNum(s):
    count=0
    for ch in s:
        if ord(ch) > =0x4e00 and ord(ch) < =0x9fa5:
            count +=1
    return count
#根据字符串中中文数量,字符串格式化输出宽度值为 W-N
def getChinseFormat(s, W):
    N=getChineseCharNum(s)
    fstr="{:#^"+str(W-N)+"}"
    returnfstr.format(s)
```

测试程序及其输出如下:

```
print(getChinseFormat("大家好",30))
print(getChinseFormat("池州学院",30))
print(getChinseFormat(" Python ",30))
#############大家好#############
############池州学院############
##########Python###########
```

5.5 字典

Python 中的字典类型是"键:值"对(key-value pair),或称为项(item)。字典是以花括弧括起来的键值对的集合。每个键值对中间用冒号":"分隔,键值对与键值对之间用",""分隔,形式如下:

```
dict={key1:value1,key2:value2,…,keyN:valueN}
```

其中需要注意,一个字典中的键需要有确定性和唯一性。确定性是指键只能是数值、字符串和元组等不可变对象类型,不能是列表、字典等可变对象数据类型;唯一性是指在一个字典中不能有重复的键。值则可以重复,也可以是任何类型。

字典是 Python 中唯一的映射类型,可以通过指定键访问对应的值。字典类型与集合类型一样是无序的,项与项之间没有特定的顺序,不能通过索引来访问字典元素。

5.5.1 字典的创建

字典的创建方式包括以下三种方法:

(1)使用花括号内以逗号分隔"键:值"对的方式:{'jack':4098,'sjoerd':4127} or {4098:'jack',4127:'sjoerd'}。

(2)使用字典推导式:{},{x: x * * 2 for x in range(10)}。

(3)使用类型构造器:dict(),dict([('foo',100),('bar',200)]),dict(foo=100,bar=200)。

例如:

```
print({"姓名":"张晓明","年龄":18,"性别":"男"})
print({x:x* * 2 for x in range(10) })
print(dict([("姓名","张晓明"),("年龄",18),("性别","男")]))
```

执行结果如下:

```
{'姓名': '张晓明', '年龄': 18, '性别': '男'}
{0: 0, 1: 1, 2: 4, 3: 9, 4: 16, 5: 25, 6: 36, 7: 49, 8: 64, 9: 81}
{'姓名': '张晓明', '年龄': 18, '性别': '男'}
```

5.5.2 字典的操作

1.字典的访问

1)字典值的访问

字典与列表、元组或字符串等序列对象不同,不能通过索引访问数据,只能通过键来访问对应的值,格式如下:

```
dict[key]
```

如果访问的 key 不存在,则会报 KeyError 的错误。例如:

```
season={"春天":"Spring","夏天":"Summer","秋天":"Autumn","冬天":"Winter"}
print(season["夏天"])
print(season["雨天"])
```

执行结果如下:

```
Summer
-----------------------------------------------------------------
--------------
KeyError                      Traceback (most recent call last)
< ipython-input-6-392395e65381>  in < module>
    1 season={"春天":"Spring","夏天":"Summer","秋天":"Autumn","冬天":"Winter
"}
    2 print(season["夏天"])
----> 3 print(season["雨天"])
KeyError: '雨天'
```

2)字典的遍历

遍历字典可以分为以下几种情况:

(1)只遍历字典的 key:通过 for key in dict 或通过 dict.keys() 返回字典视图再遍历。

(2)只遍历字典的 value:通过 dict.values() 返回字典视图再遍历。

(3)同时遍历字典的 key 和 value:通过遍历 key 以及 dict[key] 或通过 dict.items() 返回键值对构成的视图。

只遍历字典的 key,例如:

```
season={"春天":"Spring","夏天":"Summer","秋天":"Autumn","冬天":"Winter"}
print([key for key in season])            #直接遍历字典
print([key for key in season.keys()])     #遍历字典返回的 key 的视图
```

执行结果如下:

```
['春天', '夏天', '秋天', '冬天']
['春天', '夏天', '秋天', '冬天']
```

只遍历字典的 value,例如:

```
season={"春天":"Spring","夏天":"Summer","秋天":"Autumn","冬天":"Winter"}
print([val for val in season.values()])
```

执行结果如下:

```
['Spring', 'Summer', 'Autumn', 'Winter']
```

同时遍历字典的 key 和 value,例如:

```
season={"春天":"Spring","夏天":"Summer","秋天":"Autumn","冬天":"Winter"}
for key in season:
    print(key,season[key])


print("-"* 20)


for key,value in season.items():
```

```
print(key,value)
```

执行结果如下：

```
春天 Spring
夏天 Summer
秋天 Autumn
冬天 Winter
--------------------
春天 Spring
夏天 Summer
秋天 Autumn
冬天 Winter
```

3）字典 key 存在的判断

有时候还需要指导字典中是否包含某个 key，可以通过 key in dict 来判断。例如：

```
season={"春天":"Spring","夏天":"Summer","秋天":"Autumn","冬天":"Winter"}
print("春天 in season:","春天" in season)
print("雨天 in season:","雨天" in season)
```

执行结果如下：

```
春天 in season: True
雨天 in season: False
```

2.字典的维护

字典的维护包括添加、删除和修改，可以通过赋值的方式添加和修改，可以通过 del 的方式实现删除。

1）添加元素

字典元素的添加通过对字典的一个新键赋值来实现。例如：

```
d={"中国":"北京","美国":"华盛顿","法国":"巴黎"}
d["韩国"]="首尔"
print(d)
```

执行结果如下：

```
{'中国': '北京', '美国': '华盛顿', '法国': '巴黎', '韩国': '首尔'}
```

2）修改值

字典的修改值是指通过字典的键修改对应的值，修改值也是通过赋值的方式实现的。例如：

```
d={'中国': '北京', '美国': '华盛顿', '法国': '巴黎', '韩国': '首尔'}
d["韩国"]="首尔"
print(d)
```

执行结果如下：

```
{'中国': '北京', '美国': '华盛顿', '法国': '巴黎', '韩国': '首尔'}
```

3）删除项

可以通过 del 删除字典中的某个键值对。例如：

```
d={'中国': '北京', '美国': '华盛顿', '法国': '巴黎', '韩国': '首尔'}
del d["美国"]
print(d)
```

执行结果如下：

{'中国': '北京', '法国': '巴黎', '韩国': '首尔'}

3. 内置函数

常用内置统计函数例如 max、min、len、sum 和 sorted 等对字典也是适用的。部分函数的结果可能与序列的用法返回值有所不同,这里将通过实例来介绍这些函数的用法。例如:

```
d={"001":["小明",75],"003":["小华",72],"004":["小雨",92],"002":["小米",85]}
print('max(d)',max(d))
print('min(d)',min(d))
print('len(d)',len(d))
```

执行结果如下：

```
max(d) 004
min(d) 001
len(d) 4
```

max、min 返回的是键的最大值和最小值。item 返回的是字典中项的数量。例如:

```
d={"001":["小明",75],"003":["小华",72],"004":["小雨",92],"002":["小米",85]}
sd=sorted(d)
print(sd)
```

执行结果如下：

```
['001', '002', '003', '004']
```

sorted 方法是对字典键进行排序的,并且返回的是键的有序列表。对于以上字典 d,如果希望按照值中索引为 1 的项,也就是学生成绩来排序,返回一个升序的列表,应该怎么操作呢? 例如:

```
d={"001":["小明",75],"003":["小华",72],"004":["小雨",92],"002":["小米",85]}
sd=sorted(d.items(),key=lambda item:item[1][1])
print(sd)
```

执行结果如下：

```
[('003', ['小华', 72]), ('001', ['小明', 75]), ('002', ['小米', 85]), ('004', ['小雨',
92])]
```

以上例子是对 d.items()即字典视图进行排序的,排序通过 key=lambda item:item[1][1]指定排序的 key 为学生的成绩,得到了一个字典项的列表,列表按照学生成绩升序排列。

4. 字典的方法

标准库为字典类型提供了一些内置方法,可实现对字典的访问、添加、删除其中的键、值或项。常用的方法如表 5.13 所示。

表 5.13　字典常用的方法

字 典 方 法	描　　　　述
D. keys()	返回字典所有键的一个新视图
D. values()	返回字典所有值的一个新视图
D. items()	返回有字典项(键值对)组成的一个新视图
D. get(key,[default])	如果 key 存在于字典中,则返回 key 的值,否则返回 default。如果 default 未给出,则默认为 None

续表

字 典 方 法	描　　　述
D. pop(key,[default])	如果 key 存在于字典中,则将其移除并返回其值,否则返回 default。如果 default 未给出且 key 不存在于字典中,则会引发 KeyError
D1. update(D2)	使用来自 other 的键值对更新字典,覆盖原有的键
D. clear()	移除字典中的所有元素

在字典遍历部分已经简单介绍过 keys()、values()和 items(),它们分别返回字典所有的键的视图、值的视图和键值对的视图。大家可以将这里的视图理解为一个可迭代对象,可以通过 for item in view 访问其中的元素。例如:

```
d={"001":["小明",75],"003":["小华",72],"004":["小雨",92],"002":["小米",85]}
print(d.keys())
print(d.values())
print(d.items())
```

执行结果如下:

```
dict_keys(['001', '003', '004', '002'])
dict_values([['小明', 75], ['小华', 72], ['小雨', 92], ['小米', 85]])
dict_items([('001', ['小明', 75]), ('003', ['小华', 72]), ('004', ['小雨', 92]), ('002', ['小米', 85])])
```

get()、pop()都可以按照 key 来访问字典中的元素,区别在于 pop 访问完了会将字典中对应项删除,而且如果 key 在字典中不存在且未给出 default 值,get 会返回 None,而 pop 会抛出异常。例如:

```
season={"春天":"Spring","夏天":"Summer","秋天":"Autumn","冬天":"Winter"}
print(season.get("春天"),season.get("雨天"),season.get("雨天","rain"))
print(season)
print(season.pop("夏天"))
print(season)
```

执行结果如下:

```
Spring None rain
{'春天': 'Spring', '夏天': 'Summer', '秋天': 'Autumn', '冬天': 'Winter'}
Summer
{'春天': 'Spring', '秋天': 'Autumn', '冬天': 'Winter'}
```

5.5.3　字典的应用

思 政 案 例

词频统计

有如下一篇介绍黄梅戏的文章,请统计各个单词(不考虑大小写)出现的次数,并打印出现次数最多的 10 个单词及其词频。结合文本内容,同学们能够传承和弘扬中华优秀传统文化,全面提高审美和人文素养,增强文化自信。

Huangmei or Huangmei tone originated as a form of rural folk song and dance that has been in existence for the last 200 years and possibly longer. Huangmei opera is one of the most famous and mainstream opera in China (others are Beijing opera，Yue opera，Ping opera and Yu opera). The original Huangmei opera was sung by women when they were picking tea，and the opera was called the Picking Tea Song. In the late Qing dynasty，the songs came into Anhui Province⋯

```
wordcount={}            #定义单词字典 key 为单词,value 为单词出现次数
for line in open("./data/HuangMeiOpera.txt"):
    line=line.lower()        #转为小写字母
    for ch in ',().!? ':    #去掉标点符号
        line.replace(ch,'')
    words=line.split()        #分隔单词
    for w in words:
        if w inwordcount:
            wordcount[w] +=1        #单词已经存在字典中的情况
        else:
            wordcount[w]=1          #单词首次出现
#wordcount.items()项排序,
#key=lambda item:item[1]通过 lambda 函数将单词出现次数作为排序关键词
#reverse=True 逆序
sorted_wordcount=sorted(wordcount.items(),key=lambda item:item[1],reverse
=True)
    print(sorted_wordcount[:10])
```

执行结果如下：

```
[('the', 36), ('and', 23), ('opera', 16), ('huangmei', 14), ('of', 14), ('a', 12), ('in', 12), ('is', 10), ('it', 7), ('that', 6)]
```

思考与练习

如何统计一篇中文文章的各个单词出现的次数呢？

提示：可查询中文分词工具 jieba 分词。

5.6 集合

Python 中集合的概念与数学中集合的概念是一致的，是由具有不重复且具有确定性的不可变对象所组成的无序多项集。集合中元素具有确定性的不可变对象是指，这些对象都是可哈希的，例如数值、字符串、元组等。集合两边用花括弧"{}"括起来。

5.6.1 集合的创建

集合可以通过以下三种方式创建：

(1)使用花括号内以逗号分隔元素的方式：{'jack','sjoerd'}。

(2)使用集合推导式：{c for c in 'abracadabra' if c not in 'abc'}。

(3)使用类型构造器：set()，set('foobar')，set(['a','b','foo'])。

例如：

```
print({"jack","mark","apple"})
print({c for c in "abracdaksdjak" if c not in "abc"})
print(set([1,3,1,4,5,3,4,6]))
```

执行结果如下：

```
{'apple', 'mark', 'jack'}
{'k', 'd', 'r', 'j', 's'}
{1, 3, 4, 5, 6}
```

创建集合需要注意以下几点：

(1)如果要创建一个空的集合只能用 set()，不能用{}。因为花括弧默认为字典类型。

(2)集合中的元素只能是数值、字符串和元组等不可变对象。

(3)集合中的元素是唯一的，即使在创建时有重复的，集合对象也会自动去重。

(4)集合中的元素是无序的，创建时的顺序和打印出来的可能不一样。

5.6.2 集合的操作

1.集合的修改

Python 中对于集合中元素的修改函数如表 5.14 所示。

表 5.14　集合元素的修改

集合修改方法	描　　　述
S. add(x)	向集合 S 中添加元素 x
S1. update(S2)	用 S2 来更新 S1，即把 S2 中的元素添加到 S1 中
S. remove(x)	从 S 中删除 x，若 x 不存在则报错
S. discard(x)	从 S 中删除 x，若 x 不存在不报错
S. clear()	清空 S 集合中的所有元素

例如：

```
S1={"九华山","杏花村","牯牛降","大王洞"}
S2={"平天湖","醉山野","九华山"}
S1.add("齐山")
print(S1)
S1.update(S2)
print(S1)
S1.remove("齐山")
print(S1)
S1.clear()
print(S1)
```

执行结果如下：

```
{'牯牛降', '杏花村', '齐山', '九华山', '大王洞'}
{'牯牛降', '杏花村', '平天湖', '齐山', '醉山野', '九华山', '大王洞'}
{'牯牛降', '杏花村', '平天湖', '醉山野', '九华山', '大王洞'}
set()
```

2. 集合的运算

Python 中的集合支持数学意义上的交、差和并运算,常见集合运算如表 5.15 所示。

表 5.15　集合运算方法

集合运算方法	描　　述
x in S	判断 x 是不是集合 S 的元素
S1 < S2	判断 S1 是不是 S2 的子集
S1 == S2	判断 S1 与 S2 是不是相同的集合(即 S1 与 S2 元素是否完全相同)
S1 & S2	交集运算,取同时在 S1 和 S2 中的元素组成新集合
S1 | S2	并集运算,取在 S1 和 S2 中所有元素组成新集合
S1 − S2	差集运算,取在 S1 且不在 S2 中元素组成新集合
S1 ^ S2	补集运算,取在 S1 且不在 S2 的元素和在 S2 且不在 S1 的元素组成新集合

x in S、S1 < S2、S1 == S2 返回的是布尔类型的值。例如:

```
S1={1,2,3}
S2={3,2,1}
S3={5,4,3,2,1}
print('2 in S1',(2 in S1))
print('5 in S1',(5 in S1))
print('S1 < S2',(S1 < S2))
print('S1 < S3',(S1 < S3))
print('S1 ==S2',(S1 ==S2))
```

执行结果如下:

```
2 in S1 True
5 in S1 False
S1 < S2 False
S1 < S3 True
S1 ==S2 True
```

注意:(1)集合中元素是无序的,上例中不会因为创建 S1 和 S2 时元素顺序不一致导致 S1 == S2 返回 False。

(2)除了上表中 < 和 == 表示两个集合元素关系外,<=、>、>=、!= 也用来表示集合元素的关系。

两个集合的交、差、并和补的关系可以用图 5.11 表示。

图 5.11　S1 与 S2 的并集(│)、交集(&)、差集(—)和补集(^)

例如：

```
S1={1,2,3,4,5,6}
S2={4,5,6,7,8,9}
print(S1|S2)
print(S1&S2)
print(S1-S2)
print(S1^S2)
```

执行结果如下：

```
{1, 2, 3, 4, 5, 6, 7, 8, 9}
{4, 5, 6}
{1, 2, 3}
{1, 2, 3, 7, 8, 9}
```

3. 集合的方法

集合中包含与集合运算对应的方法,运算与方法对应关系如表 5.16 所示。

表 5.16　集合运算和集合方法对比

	并集	交集	差集
集合运算	S1│S2	S1&S2	S1—S2
集合方法	S1. union(S2)	S1. intersection(S2)	S1. difference(S2)
	补集	S2 包含 S1	
集合运算	S1^S2	S1 <=S2	
集合方法	S1. symmetric_difference(S2)	S1. issubset(S2)	

例如：

```
S1={1,2,3,4,5,6}
S2={4,5,6,7,8,9}
print(S1.union(S2))
print(S1.intersection(S2))
print(S1.difference(S2))
print(S1.symmetric_difference(S2))
```

执行结果如下：

```
{1, 2, 3, 4, 5, 6, 7, 8, 9}
{4, 5, 6}
{1, 2, 3}
{1, 2, 3, 7, 8, 9}
```

本 章 小 结

本章介绍了 Python 的组合数据类型,包括序列、字典和集合。序列部分介绍了三种具体序列,包括列表、元组和字符串。组合数据类型是 Python 学习中的重点,也是难点,在学习每种组合数据类型时应掌握如何创建该类型、使用该类型的常见方法和函数以及不同类型的区别与联系。列表、元组和字符串序列类型有切片操作,这是本章的重点和难点,需要重点关注。

习 题 5

一、选择题

1. ls=["abc","dd",[3,4]],要获取第三个元素中的第一个值 3,使用下列(   )表达式。

A. ls[3]　　　　　　B. ls[3,1]　　　　　　C. ls[3][1]　　　　　　D. ls[2][0]

2. 利用索引获取字典的值:

```
d = {"大海":"蓝色", "天空":"灰色", "大地":"黑色"}
print(d["大地"], d.get("大地", "黄色"))
```

以上代码的运行结果是(   )。

A. 黑色 黄色　　　B. 黑色 黑色　　　　　C. 黑色 蓝色　　　　　D. 黑色 灰色

3. (1,2,3,5,7,11,13)的数据类型是(   )。

A. list　　　　　　B. tuple　　　　　　C. set　　　　　　D. dict

4. 下列代码运行的结果是(   )。

```
ls=range(12)
    print([i for i in ls if i% 2==0 and i% 3==0])
```

A. 6　　　　　　　B. [6]　　　　　　　C. [2,3]　　　　　　D. [0,6]

5. 下列代码的运行结果是(   )。

```
mySeq=[1,2,3]
mySeq* 2
```

A. [1,2,3,1,2,3]　　B. [1,4,9]　　　　　C. [1,4,6]　　　　　D. [1,2,3]

6. 根据下面表达式,a 的值是(   )。

```
myList="Hello World"
a =myList[3:8]
```

A. llo W　　　　　　B. llo Wo　　　　　C. lo Wo　　　　　D. lo Wor

7. 下列 Python 表达式可以将列表反向并改变原列表值的是(   )。

A. myList[::-1]　　　　　　　　　　B. myList[:-1]

C. reversed(myList)　　　　　　　　D. myList. reverse()

8. 下列选项中能把列表中的"3"全部删除的是(   )。

```
lst=[2,3,3,4,6,1,3,5,3,2,4]
```

A. lst. remove(3)

B. for i in lst:
　　　if　i==3:

lst. remove(i)

C. [i for i in lst if i ！ ＝ 3]

D. list(set(lst))

二、编程题

1. 根据提示,在右侧编辑器补充代码,按照如下要求输出相关信息：

(1)定义一个列表对象 num,存放 11,13,17,19;

(2)输出列表中的第二个元素;

(3)在 num 中增加两个元素 23,25;

(4)输出列表中第 3 到第 5 之间的所有元素;

(5)输出连续出现三次的序列;

(6)把序列的最后一个数改为 27;

(7)输出该序列之和;

(8)翻转该序列,并输出翻转后的序列;

(9)把元素 17 删除;

(10)输出列表中元素的个数;

(11)输出列表中的最大值;

(12)输出 19 的索引位置。

2. 根据提示,使用列表解析式生成列表并输出。

(1)使用列表解析式生成[500,600]之间的整数。

(2)使用列表解析式生成数列 $3*n+2$,n 取[1,10]。

(3)使用列表解析式生成[11,19]之间所有数的立方。

(4)使用列表解析式生成 50 个 100 以内的随机数。

(5)生成新列表,只包含(4)中的奇数。

(6)使用列表解析式生成[1,2,3,4,5]和[6,7,8]的笛卡儿积。

3. 输入两个整数 M,N,M 为十进制的数,N 为要转换的进制,要求编程计算并使用列表的方式存储。例如输入：

12

2

期待在列表中保存[1,1,0,0]并输出：

1100

打印列表：

[1,1,0,0]

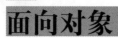

第6章

面向对象

前面几章介绍了结构化程序设计的内容和方法,这是一种面向过程的程序设计方式,本章将介绍面向对象程序设计(object oriented programming,OOP)的基础知识。结构化程序设计更贴近计算机处理问题方式,而面向对象程序设计更加贴近人类认知和处理问题的过程。

6.1　面向对象概述

面向对象的编程方法是伴随着软件工程技术的发展和软件规模的日益扩大而产生的,它能够很好地解决结构化面层中数据和操作的高度耦合带来的问题,从而提高程序的安全性和可维护性。我们的客观世界本身也是由一个一个的对象以及对象之间的关系构成的。每个对象都有自己的属性和行为,对象与对象之间的相互作用构成了整个系统。面向对象程序设计就是通过分析问题中的对象,将其抽象成对应的类,再通过类的实例及其关系实现对问题的解决。

6.1.1　面向对象的基本概念

人们理解现实世界很重要的一种方法就是将事物进行分类。以动物中的小猫为例,假设有两只小猫,一只小黑猫,一只小花猫,通过观察我们发现:小黑猫有耳朵、眼睛、鼻子、四条腿,会跑,会发出"喵"的叫声,还会抓老鼠;小花猫也有耳朵、眼睛、鼻子、四条腿,会跑,会发出"喵"的叫声,也会抓老鼠。观察现实世界我们发现有一类动物都有耳朵、眼睛、鼻子、四条腿,会跑,会发出"喵"的声音,还会抓老鼠,于是我们得出结论,具有以上特征的都属于猫类,猫类跟具体哪一只猫没有关系。这就是我们通过对现实世界的观察、分析、抽象得到的"类"。每只猫都有耳朵、眼睛、鼻子、四条腿,我们称之为类的属性,猫的会跑、会发出"喵"的叫声、会抓老鼠,我们称之为类的行为。两只具体的小黑猫和小花猫称为类的对象,又叫作实例。

面向对象程序设计中最重要的概念是类与对象。对象是一个具体的概念,例如小明、小红是一个个具体的学生,他们都有一些属性和一些行为,例如小明学号 001,身高 175 cm,性别男,会上课、完成作业、参加考试;而小红学号 002,身高 160 cm,性别女,会上课、完成作业、参加考试。类是一个抽象的概念,通过对具体对象的分析,找出其共同属性和行为。例如通过对小明和小红的分析我们得到学生类,学生类具有的属性有学号、姓名、身高和性别,具有的行为有上课、做作业和考试。

类与对象的关系可以用图 6.1 表示。在分析问题时,先有与研究问题相关的一个个具体的学生对象,通过抽象得到学生类;在程序设计时,先根据问题的分析定义好类,然后再通过类实例化得到具体的学生实例。

6.1.2　面向对象的基本特征

面向对象程序设计具有封装、继承和多态三大特征。这三大特征也正是面向对象程序设计相对于面向过程程序设计的优势所在,保证了程序的安全性和可维护性。

1. 封装

在面向对象程序设计中,为了保护对象的状态不受外界影响,将对象的状态及其行为打

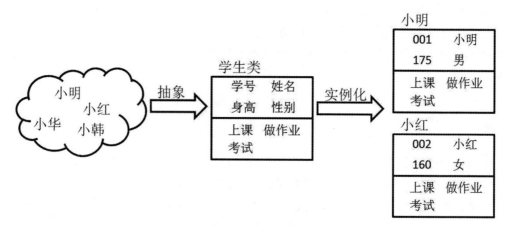

图 6.1　类与对象的关系示意图

包在一个软件构件中,这种特性被称为封装性,它是面向对象程序设计的核心思想之一。

比如一辆无人驾驶汽车,我们买回来后只需要输入目的地,这辆汽车就能够安全地带着我们到达目的地。这辆汽车如何实现避障、识别红绿灯、实现定位等对用户来说完全是一个黑盒。这样做的好处是:用户操作起来简单;厂家也不会担心用户对车辆的错误操作导致车祸,同时还能够保证厂家的核心技术不被非法用户窃取。

2. 继承

继承是指创建一个新的类时可以从其他已有的类中获得一些属性和行为,同时新类也可以有自己特有的属性和行为。继承可以大大提高程序的可维护性。

在现实世界中我们也能接触到类似继承的概念。例如达尔文的进化论中生物在不断地发生进化,生物的进化其实是生物一代一代保留上一代的大部分特征,同时也会发生一些小的突变,然后通过物竞天择,将有利于生物生存的突变保留下来,淘汰不利于生物生存的突变。

3. 多态

多态是指同一行为作用在不同类型对象上,变形出不同的形态。例如同样都是动物发出叫声,猫的叫声是"喵喵喵",而狗的叫声是"汪汪汪"。在 Python 中,相同类型的引用在调用不同对象的方法时,系统会根据具体对象而调用不同的方法。这就实现了同一类型引用调用同一方法而表现出不同形态。

6.2　类与对象

面向对象程序设计中对象是最基本的构件,而要得到程序中的对象首先要定义相应的类。本节将介绍如何定义类、如何通过类实例化得到对象以及对象的用法。

6.2.1　类

1. 类与对象的概念

类是具有相同类型属性和行为的对象的集合。类是一个抽象的概念,是对属于该类的对象的统一描述,可以看成是一个模具或者图纸。类还可以看成是数据类型,可以用类来定义具体的数据。下面的例子定义了一个自定义类 Person,由 Person 可以定义数据具体的对象 p。类似于打印出整型变量 i 的类型为 int，可以利用内置函数 type()打印出 p 的数据类型为 Person。类体中一般包括了对一类对象的静态属性和动态行为的描述，即类的属性和方法。

```
class Person:
    pass
p=Person()
i=1
print(type(i))
print(type(p))
```

执行结果如下：

```
< class 'int'>
< class '__main__.Person'>
```

对象对应着客观世界中的一个个具体的实体。对象是一个具体的概念，对象是在类的基础上得到的具体实物，例如一辆电动汽车、一个叫小明的同学、一座摩天大楼等。类与对象类似于由模具制造出的产品，由设计图纸盖出的具体房子。对象是面向对象程序设计的基本单元，通过访问对象的属性和方法以及对象之间的关系完成对问题的解决。

2. 类定义与对象实例化

类是面向对象程序设计的基本要素，在 Python 程序设计中类的定义通过关键词 class 完成，例如定义一个 Person 类的代码如下：

```
class Person:
    pass
```

其中：class 是定义类的关键词；Person 是类名称，类名称满足标识符要求即可；pass 部分即为类体，类体部分需要缩进，在类体 pass 语句部分可以定义类的属性和方法。

类的定义在计算机中并不会申请存储空间，只有当完成类的实例化时，计算机才会创建具体的对象并为之分配存储空间。通过类实例化得到对象使用类名称+"()"即可，例如定义 Person 类的对象的代码如下：

```
p=Person()
```

在这个例子中，通过 Person()返回一个 Person 类的实例化对象，p 为对象的引用，通过 p 实现对 Person 对象的属性和方法的访问。

上面是一个最基本的类的定义语法格式要求，在实际的类定义中一般还应该包括类的属性和方法的定义，例如定义一个猫的类 Cat：

```
class Cat:
    '''define Cat class'''
    breed="Persian"
    def __init__(self, n, c):
        self.name=n
        self.color=c
    def greet(self):
        print(self.name + ' say hi')
```

```
c=Cat("Nick","black")
print(c.name + " color is " + c.color+ " "+ c.breed)
c.greet()
```

执行结果如下：

```
Nick color is black Persian
Nick say hi
```

以上是一个稍微复杂的例子,按照代码从上到下的顺序说明如下：

(1)定义 Cat 类。

(2)该类有一个类属性 breed(品种),初始值为 Persian(波斯猫)。

(3)定义了__init__(self,n,c)方法,这个方法有三个参数:self,n,c。参数 self 是一个比较特殊的参数,表示对象自身的引用。在这个方法中初始化了类的实例属性 name 和 color。

(4)定义了 greet(self)方法,在这个方法中可以通过 self 访问类的实例属性 name。

(5)通过 c=Cat(" Nick "," black ")实例化了一只具体的猫,即叫作 Nick 的黑猫。

(6)通过引用 c 可以访问猫的实例属性 name 和 color 以及类属性 breed。

(7)通过引用 c 访问方法 greet()。

6.2.2 属性

通过前文介绍我们知道一个对象应该包含表示静态特征的属性。在 Python 的面向对象程序设计中,属性可以分为类属性和实例属性。

1.类属性

类属性是所有实例对象共享的属性,即类属性在创建类的实例的时候不会单独被创建,所有实例都引用同一个类的属性,即类属性在内存中只有一份。类属性可以直接通过类名称访问,也可以通过实例访问。类属性的定义一般在类体里,方法体外。例如定义学生类 Student,学生类有一个类属性 number 表示当前学生实例的数量：

```
class Student:
    number=0
    def __init__(self):
        Student.number +=1
```

在以上代码中,属性 number 就是类属性。每当初始化一个学生实例的时候,会调用初始化函数__init__,让 Student 类的类属性 number 加 1。

```
s1=Student()
s2=Student()
print("student number:",Student.number)
print("student number:",s1.number)
print("student number:",s2.number)
```

执行结果如下：

```
student number: 2
student number: 2
student number: 2
```

通过以上代码可以看出,类属性 number 既可以通过类名称 Student 直接访问,也可以通过对象的引用访问 s1 和 s2 访问,两个对象的引用访问的 number 的值相同。类属性 number 在内存中的分配如图 6.2 所示。

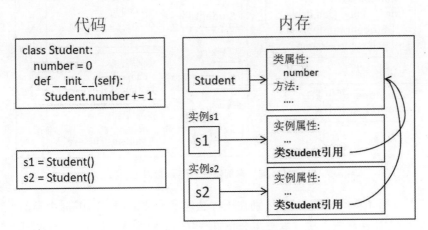

图 6.2 类属性内存示意图

Student 的实例化得到两个对象,对象的引用分别为 s1 和 s2。通过图 6.2 可以看出,Student. number、s1. number 和 s2. number 访问的都是类属性中的同一个 number。

2. 实例属性

实例属性是每一个实例对象各自独立的属性,即在创建类的实例的时候每一个实例对象都有自己的实例属性,在内存中每一个实例对象都有独立的一份。实例属性只能通过具体对象的引用访问。实例属性一般通过对象的引用定义,在类体中通过"self. 实例属性"的形式定义和访问。例如定义学生类 Student,学生类有一个实例属性 name,表示学生对象的姓名:

```python
class Student:
    number=0
    def __init__(self,name):
        Student.number +=  1
        self.name=name
```

在以上代码中属性 name 就是实例属性。实例属性是每一个实例对象自身的属性,不同实例对象的实例属性保存在不同的内存单元。

```python
s1=Student("小明")
s2=Student("小红")
print("s1 name is {} and s2 name is {}".format(s1.name,s2.name))
```

执行结果如下:

```
s1 name is 小明 and s2 name is 小红
```

实例属性在内存中的存储空间分配示意图如图 6.3 所示。

从图 6.3 可以看出,实例对象 s1 和 s2 都有自己各自独立的实例属性存储空间。

6.2.3 方法

对象除了静态属性还有动态行为,在面向对象程序设计中我们称动态行为为方法。类中

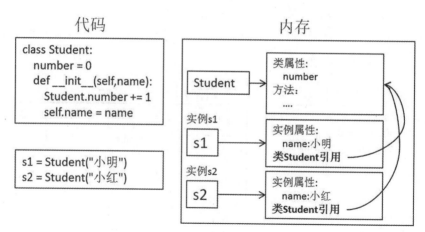

图 6.3　实例属性内存示意图

方法的定义类似第 4 章函数的定义,区别在于方法定义在类体中。Python 中类的方法可以分为实例方法、类方法和静态方法。本节还会介绍类中一个比较特殊的方法,叫作构造方法。

1. 实例方法

实例方法的第一个参数必须是实例对象的引用,一般约定为 self,通过 self 参数来传递实例的属性和方法。实例方法一般通过实例对象的引用调用,用来实现对对象的实例属性的访问和对其他实例方法的调用。例如:

```python
class Student:
    number=0
    def __init__(self,name):
        Student.number + = 1
        self.name=name
    def info(self):
        return self.name
```

在上面的例子中,info 方法是一个实例方法,info 方法的第一个参数就是实例方法特有的参数 self。在调用实例方法时,如果通过对象的引用调用,则不需要显式传递该参数;如果通过类名称调用,则需要显式传递实例的引用(一般较少用到)。

```python
s1=Student("小明")
print("s1 info:",s1.info())
print("s1 info:",Student.info(s1))
```

执行结果如下:

```
s1 info: 小明
s1 info: 小明
```

在上面的例子中,可以直接通过对象的引用 s1 调用实例方法 info()且不需要显式传递 self 参数。如果直接通过类名称 Student 调用,则需要显式传递实例的引用 s1。

2. 类方法

类方法的定义需要使用装饰器@classmethod,第一个参数是类对象的引用,一般约定用 cls,通过 cls 来传递类属性和方法。类方法一般实现对类属性的访问和对其他类方法的

调用。例如:

```
class Student:
    number=0
    def __init__(self,name):
        Student.number + = 1
        self.name=name
    def info(self):
        return self.name
    @ classmethod
    def cls_info(cls):
        return cls.number
```

在上面的例子中,cls_info 方法就是一个类方法,cls_info 方法的第一个参数就是类方法特有的参数 cls,可以通过 cls 访问类属性 number。调用类方法可以通过对象的引用,也可以直接通过类名称调用。

```
s1=Student("小明")
print("s1 cls info:",s1.cls_info())
print("s1 cls info:",Student.cls_info())
```

执行结果如下:

```
s1 cls info: 1
s1 cls info: 1
```

在上面的例子中,可以通过对象的引用 s1 来调用类方法 cls_info,也可以通过类名称 Student 直接调用,且两种方法调用类方法都不需要显式传递 cls 参数。

3. 静态方法

静态方法的定义使用装饰器@staticmethod,静态方法没有特殊参数。静态方法一般用来存放与该类相关的操作的逻辑代码,逻辑上属于类,但是和类本身没有关系,即静态方法一般不会访问类的类属性和实例属性。静态方法可以理解为独立的、单纯的函数,只是它托管于某个类的名称空间以便于维护。例如:

```
class Student:
    number=0
    def __init__(self,name):
        Student.number + = 1
        self.name=name
    def info(self):
        return self.name
    @ staticmethod
    def score_level (score):
        if score> = 90: return "优秀"
        elif if score> = 80: return "良好"
        elif if score> = 70: return "中等"
        elif if score> = 60: return "及格"
        else: return "不及格"
```

在上面的例子中,score_level 就是一个静态方法,静态方法没有特殊参数。在静态方法体中没有对类的实例属性和类属性的访问。静态方法可以通过类名称直接调用,也可以通过对象的引用来调用。例如:

```
print("85 points score lev is ",Student.score_level(85))
s1=Student("小明")
print("85 points score lev is ",s1.score_level(85))
```

执行结果如下:

```
85 points score lev is    良好
85 points score lev is    良好
```

4.构造方法

大多数面向对象编程语言类似 Java、C++等都有一个构造方法的概念。构造方法是一个完成对象初始化的特殊方法。在 Python 中构造方法分为构造器(constructor)__new__方法和初始化器(initializer)__init__方法。

实例化一个类的对象的第一步要调用__new__方法,__new__用来返回新的实例对象,而__init__方法不需要有返回值,只需要完成对新的对象的实例属性的初始化。一般情况下,在定义类时不需要重写__new__方法。例如:

```
class Student:
    number=0
    def __new__(cls,name):
        print("这里调用 new")
    def __init__(self,name):
        print("这里调用 init")
        self.name=name
s1=Student("小明")
```

执行结果如下:

```
这里调用 new
-------------------------------------------------------------
-------------
AttributeError                           Traceback (most recent call last)
< ipython- input- 43- 6416831632a5> in < module>
      1 s1=Student("小明")
----> 2 print(s1.name)
AttributeError: 'NoneType' object has no attribute 'name'
```

在上面的例子中,__new__方法被正常调用,并打印"这里调用 new";__init__没有被调用,且在通过引用对象 s1 访问实例属性 name 时报错"'NoneType'object has no attribute 'name'",意思是 s1 的类型是 NoneType,而不是 Student 类型。通过 Student("小明")并没有返回实例对象,因此需要给__new__方法添加返回值:

```
class Student:
    number=0
    def__new__(cls,name):
        print("这里调用 new")
        return object.__new__(cls)
    def__init__(self,name):
        print("这里调用 init")
        self.name=name
s1=Student("小明")
print(s1.name)
print(type(s1))
```

执行结果如下：

```
这里调用 new
这里调用 init
小明
< class '__main__.Student'>
```

在以上例子中,实例化对象 s1 首先会调用__new__方法并返回 Student 的实例,然后再调用__init__方法完成对实例属性的初始化。此时实例化对象 s1 为 Student 类型,可以通过 s1 正常访问实例属性 s1.name。

6.3 继承

达尔文的进化论提到生物的进化,下一代会从上一代继承大部分特征,下一代有一定概率发生一些变异,再通过物竞天择保留对生物生存有益的变异。在程序设计中类之间的继承关系与之类似,子类从父类继承属性和方法,同时也可以拥有自己个性化的属性和方法。继承是面向对象程序设计的重要特征,利用继承可实现代码的重用,提高代码的可读性和可维护性。

6.3.1 继承关系

1.什么是继承关系

现实世界中,事物之间存在着多种多样的关系。比如汽车有轮胎、发动机,汽车又分为燃油车和电动车。汽车和发动机的关系叫作"拥有"关系,可以用"A has（a）B"表达拥有关系,可以说"汽车 has a 发动机"。燃油车和汽车的关系叫作"继承"关系,可以用"A is a B"表达 A 继承自 B,可以说"燃油车 is a 汽车"。用数学中集合的概念表达两个类之间的继承关系为:classB∈ classA ,即 classB 集合对象是 classA 集合对象的子集,则 classB 与 classA 有继承关系,用集合图示表达如图 6.4 所示。

图 6.4 中,classB 类的所有对象都是 classA 类的对象,classB 类可以继承自 classA 类。现实世界中这种关系非常常见,例如小学生与学生、经理与雇员、智能手机与手机、中央空调与空调等。

2. 继承程序实现

在 Python 程序设计中,继承可以实现在定义类时基于一个已经定义的类扩展得到新类。如果用"classB →classA"表示 classB 继承自 classA,可以将 classA、classB 的继承关系用图 6.5 表示。

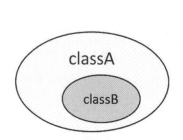

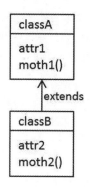

图 6.4 继承关系的集合表达   图 6.5 继承关系

在图 6.5 中 classA 为已经定义好的类,拥有属性 attr1 和方法 moth1(),在定义类 classB 时让 classB 继承自 classA,这样 classB 就可以从 classA 继承属性 attr1 和方法 moth1(),同时 classB 还可以扩展自己特有属性 attr2 和 moth2()。类 classA 被称为父类或者基类,类 classB 被称为子类或派生类。

继承关系在 Python 语法上的表达如下:

```
class classB(classA):
    #data fields
    instance methods
```

用代码实现图 6.5 的两个类之间的继承关系如下:

```
class classA:
    def __init__(self):
        self.attr1="i am class A"
    def moth1(self):
        print(self.attr1)
class classB(classA):
    def __init__(self):
        classA.__init__(self)
        self.attr2="i am class B"
    def moth2(self):
        print(self.attr2)
        print("in moth2 access attr1:",self.attr1)
        print("in moth2 access moth1:",end= " ")
        self.moth1()
b=classB()
b.moth2()
```

执行结果如下:

```
       i am class B
       in moth2 access attr1: i am class A
       in moth2 access moth1: i am class A
```

通过以上代码可以看到,在子类 classB 的 moth2()方法中既可以访问自己特有属性 attr2,也可以访问从父类继承过来的属性 attr1,还可以调用从父类继承的 moth1()方法。

3. 子类的构造方法

子类继承了父类的所有属性,同时还具有个性化的属性。在子类的初始化方法中既需要初始化父类的属性,也需要初始化自己的特有属性。在子类初始化方法中初始化父类继承的属性一般通过调用父类的初始化方法实现。格式如下:

```
       __init__(子类的初始化方法参数列表):
            父类名.__init__(父类初始化方法参数列表)
            子类个性化属性初始化
```

例如有学生类,属性有学号和姓名,本科生类属性除了学号和姓名,还有专业。学生类、大学生类和测试程序代码如下:

```
class Student:
    def __init__(self,sid,name):
        self.sid=sid
        self.name=name
    def showInfo(self):
        print("【学生】学号:"+ self.sid+ ",姓名:"+ self.name)
class Undergraduate(Student):
    def __init__(self,sid,name,major):
        Student.__init__(self,sid,name)
        self.major=major
    def showInfo(self):
        print("【本科生】学号:"+ self.sid+ ",姓名:"+ self.name+ ",专业:"+ self.
major)
    s=Undergraduate("20220001","俞行行","计算机科学与技术")
    s.showInfo()
```

执行结果如下:

```
【本科生】学号:20220001,姓名:俞行行,专业:计算机科学与技术
```

6.3.2　多继承

客观世界中有时候有些事物具有多种不同类型的特征,比如青蛙既可以在陆地活动,也可以在水中活动,再比如现在的电子指纹锁既有锁门的功能,还具有电子监控的功能。

这种具有多种类型特征的事物,可以通过多继承实现。Python 是现代程序设计语言中少数支持多继承的语言,可以实现让子类同时继承多个父类。

假设目前有类 classA 和类 classB,类 classC 同时具有 classA 和 classB 的特征,可以用图 6.6 表示 classC 与 classA、classB 的继承关系。

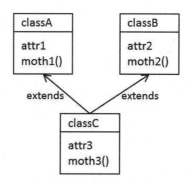

图 6.6　多继承关系示意图

多继承的语法如下：

```
class classC(classA,classB):
    classC 类体
```

设现有锁类(Lock)，拥有属性安全等级(level)和方法开门(open)和关门(close)；监控类
(Monitor)，拥有属性分辨率和方法查看监控（check）；有带监控功能的指纹锁
(FingerprintLock)，既具有锁的特征，也具有监控的特征。相关类与测试程序实现如下：

```
class Lock:
    def __init__(self,lev):
        self.level=lev
    @ staticmethod
    def open():
        print("open the door")
    @ staticmethod
    def close():
        print("close the door")
class Monitor:
    def __init__(self, rr):
        self.resolutionRatio=rr
    @ staticmethod
    def check():
        print("check monitor")


class FingerprintLock(Lock,Monitor):
    def __init__(self,lev,rr):
        Lock.__init__(self,lev)
        Monitor.__init__(self,rr)
    def showInfo(self):
        print ( "【指纹锁】安全等级:"+ self.level + ",监控分辨率:"+ self.
resolutionRatio)


f l=FingerprintLock("c3","1080×1920")
```

```
fl.showInfo()
fl.open()
fl.check()
```

执行结果如下：

```
【指纹锁】安全等级:c3,监控分辨率:1080×1920
open the door
check monitor
```

6.3.3 重写

方法重写(method override)是指子类中的某些方法与父类中的方法具有相同的签名，即方法名和参数数量相同。如果子类与父类具有相同的功能，但是具体实现略有不同，那么就需要在子类中对父类的相应方法进行重写。在方法调用时会根据对象的类型选择相应对象的方法。例如：

```
class clsA:
    def test(self):
        print("clsA test")
class clsB(clsA):
    def test(self):
        print("clsB test")
a=clsA()
b=clsB()
a.test()
b.test()
```

执行结果如下：

```
clsA test
clsB test
```

在上面的例子中，子类 clsB 中 test 方法就是重写了 clsA 类中的 test 方法。如果实例化一个 clsB 类的对象，调用 test 方法时会调用 clsB 类中的 test 方法，而不是 clsA 中的 test 方法。

6.3.4 抽象方法与抽象类

抽象方法(abstract method)是指只提供了方法的声明而没有方法实现。如果一个类中存在抽象方法，那么这个类就是一个抽象类(abstract class)。抽象类不能够被实例化，抽象类的抽象方法应该在其子类中被实现，否则其子类依然是一个抽象类。

抽象类提供了一种定义统一接口的技术。通过抽象类，可以给该抽象类的子类定义统一的接口。这在大规模复杂应用程序开发或多团队协作项目中是一个非常有用的技术。

在 Python 的基础库中没有对抽象类和抽象方法的支持。目前 Python 通过 abc 模块(abstract base classes)实现了对抽象方法和抽象类的支持。abc 模块提供了 ABC 作为抽象类的基类，提供装饰器@abstractmethod 用来将方法声明为抽象方法。定义抽象类及抽象方法的语法如下：

```
from abc import ABC,abstractmethod
class MyABC(ABC):
    @ abstractmethod
    def myabcmethod():
    pass
```

例如定义了一个多边形类(Polygon)是一个抽象类，其中的方法 num_of_sides()是一个抽象方法。多边形类有两个子类三角形(Triangle)和矩形(Rectangle)。

```
from abc import ABC, abstractmethod

class Polygon(ABC):
    @ abstractmethod
    def num_of_sides(self):
        pass

class Triangle(Polygon):
    #overriding abstract method
    def num_of_sides(self):
        print("I have 3 sides")

class Rectangle(Polygon):
    #overriding abstract method
    def num_of_sides(self):
        print("I have 4 sides")
t=Triangle()
r=Rectangle()
t.num_of_sides()
r.num_of_sides()
```

执行结果如下：

```
I have 3 sides
I have 4 sides
```

需要注意：不能够实例化抽象类，例如在上例中不能够直接实例化 Polygon 的对象。

```
p=Polygon()
```

执行结果如下：

```
--------------------------------------------------------------
--------------
TypeError                              Traceback (most recent call last)
< ipython- input- 59- dcc9968c038d>  in < module>
- - - - >  1 p=Polygon()


TypeError: Can't instantiate abstract class Polygon with abstract methods num_
of_sides
```

如果子类继承的父类中包含抽象方法,子类却没有实现该抽象方法,那么该子类也还是一个抽象类,不能够实例化。例如我们定义一个六边形类 Hexagon,但不实现 num_of_sides()方法,则 Hexagon 也不能够实例化。例如:

```
class Hexagon(Polygon):
    def sayhi(self):
        print("hi,i'm Hexagon")
h=Hexagon()
```

执行结果如下:

```
-------------------------------------------------------------
---------------
   TypeError                              Traceback (most recent call last)
< ipython- input- 58- d0423f3a2b77>  in < module>
       2     def sayhi(self):
       3           print("hi,i'm Hexagon")
----> 4 h=Hexagon()


TypeError: Can't instantiate abstract class Hexagon with abstract methods num_
of sides
```

6.4 面向对象实例

1.实例 1

定义一个数字列表类(NumList),该类有实例属性 nums,nums 是一个数值的列表,通过 __init__ 方法初始化 nums 属性,包含实例方法 maxn、minn、mean,分别表示返回最大的 n 个数、最小的 n 个数和均值,其中 n 的默认值为 1。

```
class NumList:
    def __init__(self,ilist):
        self.nums=ilist
    def maxn(self,n=1):
        sorted_list=sorted(self.nums,reverse= True)
        if(len(sorted_list)< n):
            print("Notice: list len is ",len(sorted_list)," shorter than ",n)
        return sorted_list[:n]
    def minn(self,n=1):
        sorted_list=sorted(self.nums)
        if(len(sorted_list)< n):
            print("Notice: list len is ",len(sorted_list)," shorter than ",n)
        return sorted_list[:n]
    def mean(self):
        if(len(self.nums)= = 0):
```

```
                print("Noctice: num list is empty")
                return
            sum=0
            for n in self.nums:
                sum += n
            return sum/len(self.nums)


    nl=NumList([3,1,4,1,5,9,2,6])
    print(nl.maxn(3))
    print(nl.minn(10))
    print(nl.mean())
```

运行结果如下：

```
[9, 6, 5]
Notice: list len is 8 shorter than 10
[1, 1, 2, 3, 4, 5, 6, 9]
3.875
```

2.【思政案例】实例 2

现在有一个汽车类（Car），拥有属性品牌（brand）和颜色（color），有播放音乐（playMusic）、开空调（openAircondition）和信息查询（getInfo）功能。有一个电动汽车类（ECar），其属性除了拥有品牌和颜色属性外，还有剩余电量（remainEle）。功能除了可以播放音乐、开空调和信息查询，还可以充电（charge）。有一个燃油汽车类（OCar），属性除了品牌和颜色外，还有剩余油量（remainOil）。功能除了播放音乐、开空调和信息查询，还可以加油（fuel）。按照以下要求完成程序：

（1）使用面向对象程序设计实现汽车类、电动汽车类和燃油汽车类。（方法体打印相应字符串）

（2）编写测试程序，实例化各类的对象并调用其方法。

希望同学们对新兴能源汽车发展有所了解，同时了解民族工业发展历史和当前形势，努力学习专业课程，为民族工业发展贡献自己的力量。

按照面向对象的程序设计思想，电动汽车和燃油汽车都是汽车，所以电动汽车和燃油汽车应该都继承汽车类。在汽车类中定义的属性和方法应该是电动汽车和燃油汽车共有的属性和方法。具体代码如下：

```
class Car:
    def __init__(self, brand, color):
        self.brand=brand
        self.color=color
    def getInfo(self):
        return "这是一辆"+self.color+ self.brand+"汽车"
    @ classmethod
    def playMusic(cls):
```

```
            return "播放音乐"
        @ classmethod
        def openAircondition(cls):
            return "打开空调"
```

实现电动汽车类,电动汽车应该继承汽车类,添加特性化属性和方法。需要注意,在电动汽车中信息查询方法与父类 Car 的实现应该略有不同,因为电动汽车属性剩余电量信息也需要在信息查询中展示,因此需要在电动汽车类中重写(override)信息查询方法。具体代码如下:

```
class ECar(Car):
    def __init__(self, brand, color, remainEle):
        Car.__init__(self, brand, color)
        self.remainEle=remainEle
    def getInfo(self):
        return super().getInfo()+",剩余电量:"+str(self.remainEle)
    def charge(self, ele):
        self.remainEle +=ele
```

在以上例子中,电动汽车与燃油汽车共有的属性和方法可以直接通过继承关系从父类获得,不需要在电动汽车类重复定义。电动汽车类只需要定义个性化的属性和方法。我们注意到 getInfo() 比较特殊,因为在父类中定义了 getInfo()方法,但是由于子类中 getInfo()方法的实现与父类略有不同,所以需要在子类 ECar 中对 getInfo()方法进行重写。

实现电动汽车测试类代码及输出结果如下:

```
ec=ECar("比亚迪","红色",30)
print(ec.getInfo())
ec.charge(10)
print(ec.getInfo())
print(ec.playMusic())
```

执行结果如下:

```
这是一辆红色比亚迪汽车,剩余电量:30
这是一辆红色比亚迪汽车,剩余电量:40
播放音乐
```

思考与练习

请参考电动汽车类实现燃油汽车类及其测试程序。

本章小结

本章介绍了 Python 中的面向对象程序设计,包括面向对象的概念、面向对象的特征、类与对象的定义、面向对象的继承。其中类的定义与对象的实例化是本章的重点,继承关系是本章的难点。在学习继承时一定要能够正确判断是继承关系。

习 题 6

HTH〗一、选择题

1.关于面向过程和面向对象,下列说法错误的是(   )。

A. 面向过程和面向对象都是解决问题的一种思路

B. 面向过程是基于面向对象的

C. 面向过程强调的是解决问题的步骤

D. 面向对象强调的是解决问题的对象

2.关于类和对象的关系,下列描述正确的是(   )。

A. 类是面向对象的核心

B. 类是现实中事物的个体

C. 对象是根据类创建的,并且一个类只能对应一个对象

D. 对象描述的是现实的个体,它是类的实例

3.构造方法的作用是(   )。

A. 一般成员方法   B. 类的初始化

C. 对象的初始化   D. 对象的建立

4.构造方法是类的一个特殊方法,Python 中它的名称为(   )。

A. 与类同名   B. _construct

C. init   D. new

5.Python 类中包含一个特殊的变量(   ),它表示当前对象自身,可以访问类的成员。

A. self   B. me

C. this   D. 与类同名

二、编程题

1.设计一个 Circle(圆)类,包括圆心位置、半径、颜色等属性。编写构造方法和其他方法,计算周长和面积。请编写程序验证 Circle(圆)类的功能。

2.设计一个 Person 类,属性有姓名、年龄、性别,创建方法 personInfo,打印输出这个人的信息;创建 Student 类,继承 Person 类,属性有学院 college、班级 group,重写父类 personInfo 方法,调用父类方法打印输出个人信息,将学生的学院、班级信息也打印输出。

第 7 章

文件和数据格式化

7.1 文件概述

获取到所需的数据是进行后续数据分析处理的基础。很多需要分析和处理的数据在计算机中都是以文件的形式进行存储的,数据经过分析处理后得到的结果也是保存为文件的形式。因此,Python 程序设计语言提供进行文件读写的方法。

虽然文件在计算机中都是以二进制的形式进行存储的,但一般还是将文件分为文本文件和二进制文件两大类。

1. 文本文件

文本文件在磁盘中存放时每个字符对应一个字节,内容由单一特定通用编码,如 ASCII、UTF-8、GBK 等组成的文件,也可以看作一个字符串。常见的有 TXT 格式文件、Excel 格式文件和 CSV 格式文件等。文本文件读取必须从文件的头部开始,一次全部读出,不能只读取其中一部分数据,不能跳跃式访问。文本文件每一行文本相当于一条记录,每条记录长度不等,用换行符分隔,不能同时进行读写操作。

文本文件由于占用内存资源较少、结构简单、使用方便,被广泛用于记录信息。当文本文件中部分信息出错时,往往比较容易从错误中恢复过来,并继续处理其余内容。缺点就是访问速度较慢,不易维护。

2. 二进制文件

二进制文件是指由比特 0、1 构成,数据之间没有统一字符编码的文件。大部分文件都是二进制文件,如图片文件、音视频文件、可执行程序文件等。而常见的 Word 文件、PDF 文件虽然内容基本都是文字,但是这些文字在文件内部并不是用某种通用编码表示,也属于二进制文件。

二进制文件编码是变长的,灵活、利用率高,存储和加载输出比较快,但其译码较难,不适合阅读。

无论文件是创建为文本文件还是二进制文件,都可以用文本文件方式和二进制文件方式打开,但打开后的操作不同。

打开文本文件和二进制文件的区别如下。

```
# 文本形式打开文件
f1=open('file1.txt','rt')
print(f1.readline())
f1.close()
```

程序执行结果如下:

```
人生苦短,我用 Python!
```

代码如下:

```
# 二进制形式打开文件
f1=open('file1.txt','rb')
print(f1.readline())
f1.close()
```

程序执行结果如下:

```
b'\xc8\xcb\xc9\xfa\xbf\xe0\xb6\xcc\xa3\xac\xce\xd2\xd3\xc3Python! '
```

可以看到,采用文本方式读入文件,文件经过编码形成字符串,输出有意义的文本;采用二进制方式读入文件,文件被解析为字节流并输出。

7.2 文件的打开与关闭

7.2.1 文件的打开

在 Python 中对文件进行读写操作,需要先打开文件,然后读写,最后关闭文件。

Python 中可以使用内置的 open()函数打开文件,open()函数的格式如下:

```
<变量名> = open(file,mode='r',buffering=-1,encoding=None,errors=None,
newline=None, closed=True,opener=None)
```

可以看到,open()函数有很多参数,除了第一个参数 file 代表文件名,不能缺省以外,其他参数都有默认值。使用 open()函数打开或者创建一个文件,其默认是以只读方式打开文本文件。

1. file 参数

file 参数用于表示要打开的文件,数据类型是字符串,表示文件名,文件名既可以是当前目录的相对路径,也可以是绝对路径。

2. mode 参数

mode 参数用于设置文件打开模式,用字符串表示,mode 参数表示打开文件的模式,可以有表 7.1 所示的几种取值。

表 7.1 mode 参数取值

打开模式	表 含 义
r	只读模式,只能读取文件内容,不能写入。如果文件不存在,则返回异常 FileNotFoundError,默认值
w	覆盖写模式,文件不存在则创建,文件存在则原文件会被覆盖
x	创建写模式,文件不存在则创建,文件存在则返回异常 FileExistsError
a	追加写模式,文件不存在则创建,文件存在则在文件最后追加内容
b	二进制文件模式
t	文本文件模式,默认值
+	与 r/w/x/a 一同使用,在原功能基础上增加同时读写功能

上述打开模式中,r、w、x、a 可以和 b、t、+组合使用,既表达读写,又表达文件模式。例如,open()函数采用'rt'只读模式打开文本文件,示例代码如下所示。

```
f1=open('file1.txt,''rt')
```

或

```
f1=open('file1.txt')
```

如果读取图片文件、音视频文件、可执行程序文件等二进制文件,需要使用'rb'模式将文件打开。例如,打开一个名为'nihao.jpg'的图片文件,示例代码如下所示。

```
f2=open('nihao.jpg','rb')
```

3. buffering 参数

buffering 用于指定打开文件所用的缓冲方式。buffering 为 0 表示不缓冲,为 1 表示只缓冲一行数据,为 −1 表示使用系统默认缓冲机制,默认为 −1。一般情况下,使用函数默认值即可。

4. encoding 参数

encoding 用来指定打开文件时的文件编码,默认是 UTF-8 编码,主要用于打开文本文件。调用 open()函数时如果不给出这个参数,则使用操作系统默认的编码。同一操作系统由于系统设置的原因也会导致默认编码不同。因此打开文本文件时,应明确指定编码,文本文件的编码通常有 UTF-8 和 GBK 两种。

5. errors 参数

errors 参数用来指定在文本文件发生编码错误时如何处理。推荐 errors 参数的取值为'ignore',表示在遇到编码错误时忽略该错误,程序会继续执行,不会退出。

7.2.2　文件的关闭

文件打开后,不论有没有进行读写操作,一定记得关闭文件。文件使用结束后要用 close()函数进行关闭,释放文件的使用授权。close()函数的格式如下:

```
< 变量名> .close()
```

7.3　文件的读写

当打开文件时,根据打开方式不同可以对文件进行相应的读写操作。当以文本文件方式打开文件时,按照字符串方式进行读写,采用当前计算机使用的编码或指定编码;当以二进制文件方式打开文件时,按照字节流方式进行读写。

7.3.1　文件的写入

文件的写入包括打开文件、写入数据和关闭文件 3 个步骤。在 Python 中,提供 3 个与文件内容写入有关的函数,如表 7.2 所示。

表 7.2　文件内容写入函数

函　　数	含　　义
<file>.write()	向文件写入一个字符串或字节流
<file>.writelines()	将一个元素全为字符串的列表写入文件
<file>.flush	刷新写缓冲区,在文件没有关闭的情况下将数据写入文件中

1. write()函数

write()函数用于向文件中写入指定内容,示例代码如下:

```
f=open('file2.txt','w')
f.write('你好!')
f.flush()
```

使用 write() 向文件写入内容时,操作系统不会立刻把数据写入磁盘,而是先缓存起来,只有调用 close() 函数时,操作系统才会把数据全部写入磁盘文件中。如果向文件写入数据后,不想马上关闭文件,可以调用文件对象提供的 flush() 函数将缓冲区的数据写入文件中。

2. writelines() 函数

writelines() 函数用于向文件写一个字符串列表类型,并打印输出结果,示例代码如下:

```
f=open('file3.txt','w+')
ls=["爱国","敬业","诚信","友善"]
f.writelines(ls)
for line in f:
print(line)
f.close()
```

程序执行后可以看到,程序并没有输出写入的列表内容。我们需要查看文件内容,找到 file3.txt 文件,打开可以看到其中的内容如下:

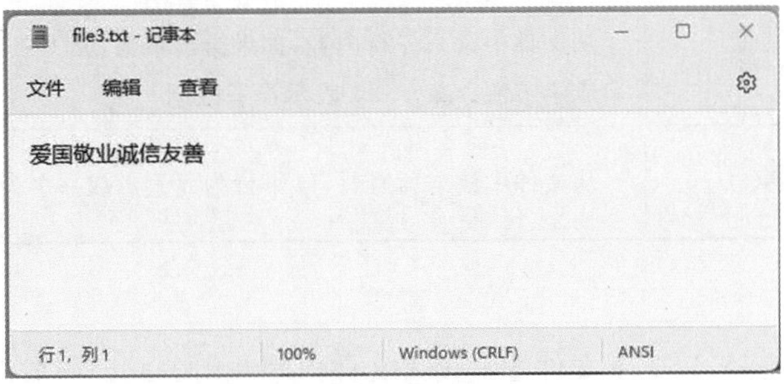

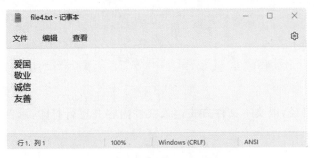

图 7.1　查看 file3.txt 的内容

列表 ls 内容已被写入文件,但是并没有将每个元素写入文件中单独的一行,这主要是因为实例方法 writelines() 只是将列表内容直接排列输出,不会添加换行符,但可以通过添加 "\n" 实现换行,示例代码如下:

```
f=open('file4.txt','w+')
ls=["爱国\n","敬业\n","诚信\n","友善\n"]
f.writelines(ls)
for line in f:
print(line)
f.close()
```

程序执行完成后,再打开 file4.txt 文件可以看到其中的内容如图 7.2 所示。

图 7.2　查看 file4.txt 的内容

课 程 思 政

社会主义核心价值观是当代中国精神的集中体现,凝结着全体人民共同的价值追求,对国民教育具有重要的价值意蕴,对社会发展发挥重要的价值引导作用。在大学时需要树立正确的人生观、价值观和世界观。

7.3.2 文件的读取

文件的读取包括打开文件、读取数据和关闭文件 3 个步骤。在 Python 中,提供 3 个常用的文件内容读取方法,如表 7.3 所示。

表 7.3　文件内容读取方法

函　　数	含　　义
＜file＞.read(size＝−1)	从文件中读入整个文件内容,如果给出参数,读入前 size 长度的字符串或字节流,size＝−1 表示没有限制
＜file＞.readline(size＝−1)	从文件中读入一行内容,如果给出参数,读入该行前 size 长度的字符串或字节流,size＝−1 表示没有限制
＜file＞.readlines( )	从文件中读入所有行,以每行为元素形成一个列表

1. read( )函数

用户输入文件路径,以文本文件方式读入文件内容并用 read( )函数读取数据,示例代码如下:

```
f=open('file4.txt','r')
print(f.read(6))
f.close()
```

程序执行结果如下:

```
爱国
敬业
```

2. readline( )函数

用户输入文件路径,以文本文件方式读入文件内容并用 readline( )函数读取数据,示例代码如下:

```
f=open('file4.txt','r')
print(f.readline())
f.close()
```

程序执行结果如下:

```
爱国
```

3. readlines( )函数

用户输入文件路径,以文本文件方式读入文件内容并逐行打印,示例代码如下:

```
f=open('file4.txt','r')
for line in f.readlines():
    print(line)
f.close()
```

程序执行结果如下：

```
爱国
敬业
诚信
友善
```

上述程序,首先打开文件并赋值给文件对象 f,通过 f. readlines()方法将文件的全部内容读到一个列表中,列表中每个元素就是一行,每一行包含行末的换行符"\n",然后通过 for-in 方式遍历列表,处理每行内容。

上述程序虽然满足了逐行打印文本文件的要求,但当读入的文件非常大时,如数百兆及以上,读取过程中的列表会占用较多的计算机内存,计算机执行程序的速度会比较慢。这可以通过逐行读入逐行处理的方式对其进行优化,解决执行程序速度的问题。示例代码如下：

```
f=open('file4.txt','r')
for line in f:
print(line)
f.close()
```

注意:这里要留心观察文件的换行符。

如果采用二进制方式打开文件,换行符只是一个符号,对应一个字节,表示为"\n";如果采用文本方式打开文件,换行符表示一行的结束,辅助程序对文件的处理。文件的换行符是真实存在的一个字符。

7.3.3 文件操作函数

除了文件读写函数以外,还有一些函数在文件操作中经常使用。

表 7.4 文件常见操作函数

函　数	含　义
<file>. seek(offset[,whence])	改变当前文件操作指针的位置
<file>. tell()	返回文件指针的当前位置
next(file)	将文件指针移动到文件的下一行
<file>. fileno()	返回整数文件描述符

1. seek()函数

seek()函数用于将文件指针移动到相对于 whence 的 offset 位置。offset 表示需要移动的字节数,offset 为正数,表示指针向文件末尾方向移动,offset 为负数,表示指针向文件开始方向移动。whence 表示文件指针移动的基准位置,默认为 0,在文件开头,值是 1 为当前

位置,而值为 2 在文件末尾。示例代码如下:

```
f1=open('file5.txt','w')
f1.write('welcome to Python! ')
f1.close()
f2=open('file5.txt','r')
f2.seek(5,0)
print(f2.read())
```

程序执行结果如下:

```
me to Python!
```

2. tell( )函数

tell()函数用于查看当前文件指针读取到的位置,返回指针当前所在的位置。示例代码如下:

```
f1=open('file5.txt','w')
f1.write('welcome to Python! ')
f1.close()
f2=open('file5.txt','rb')
print(f2.read())
f2.seek(5,0)
print(f2.tell())
```

程序执行结果如下:

```
b'welcome to Python!'
5
```

3. next( )函数

next()函数用于将文件指针移动到文件的下一行。示例代码如下所示:

```
f=open('file4.txt','r')
for i in range(1,5):
    line=next(f)
    print("第% d行,% s"% (i,line))
f.close()
```

程序执行结果如下:

```
第 1 行,爱国
第 2 行,敬业
第 3 行,诚信
第 4 行,友善
```

4. fileno( )函数

fileno()函数返回一个整型的文件描述符,可用于底层操作系统的 I/O 操作。示例代码如下所示:

```
f1=open('file6.txt','wb')
print ("文件名为: ", f1.name)
fn=f1.fileno()
print("文件描述符为:",fn)
f1.close()
```

程序执行结果如下：

```
文件名为： file6.txt
文件描述符为：4
```

7.4 文件的目录操作

在 Python 中，没有提供直接操作文件目录的函数，而是需要使用内置的 os、os.path 模块实现。

7.4.1 os 和 os.path 模块

1. os 模块

使用 os 或者 os.path 时，需要先导入，然后才可以使用提供的函数或者变量。os 模块提供的常见目录操作函数，如表 7.5 所示。

表 7.5　os 模块的常用函数及说明

函　　数	功　能　说　明
os.getcwd	返回当前工作目录
os.chdir(path)	把 path 设置为当前工作目录
os.rmdir(path)	删除目录
os.rename(src,dst)	重命名文件或目录，从 src 到 dst

2. os.path 模块

os.path 模块主要用于路径判断、遍历等，提供的常见目录操作函数，如表 7.6 所示。

表 7.6　os.path 模块的常用函数及说明

函　　数	功　能　说　明
os.path.abspath(path)	返回绝对路径
os.path.exists(path)	用于判断目录或者文件是否存在，如果存在则返回 True,否则返回 False
os.path.dirname(path)	返回文件路径

7.4.2 目录操作

1. 显示当前工作目录

Python 使用 os 模块的 getcwd() 函数查看当前工作目录，示例代码如下所示：

```
import os
print(os.getcwd())
```

程序执行结果如下：

```
D:\\Python\\ch07
```

2. 更改当前工作目录

Python 使用 os 模块的 chdir()函数更改当前工作目录。chdir()函数的基本语法格式如下:

```
os.chdir(path)
```

参数 path 是要更改的文件目录,例如,要将当前工作目录修改为"E:\Python\ch07",可以使用下面代码:

```
import os
print(os.getcwd())
os.chdir('E:\Python\ch07')
print(os.getcwd())
```

程序执行结果如下:

```
E:\\Python\\ch07
```

3. 创建目录

Python 使用 os 模块的 mkdir()函数创建文件目录。mkdir()函数的基本语法格式如下:

```
os.mkdir(path)
```

参数 path 是要创建的文件目录,可以是绝对路径,也可以是相对路径。例如,要创建文件目录"D:\Python\ch07",可以使用下面代码:

```
import os
os.mkdir('D:\Python\ch07')
```

程序执行完成后,查看文件目录如图 7.3 所示。

图 7.3　创建目录成功

4. 删除目录

Python 没有内置删除目录的函数,可以使用内置的 os 模块中的 rmdir()函数实现。rmdir()函数的基本语法格式如下:

```
os.rmdir(path)
```

参数说明:path 是要删除的文件目录,可以是绝对路径,也可以是相对路径。例如,要删除创建的目录"D:\Python\test",可以使用下面代码:

```
import os
os.rmdir("D:\Python\test")
```

执行上面的代码后,查看目录如图 7.4 所示,目录"D:\Python\test"已经删除。

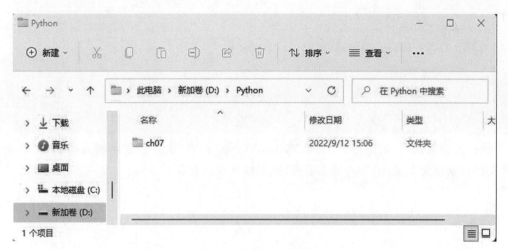

图 7.4 删除目录成功

如果在当前工作目录不存在,将显示图 7.5 所示的异常。

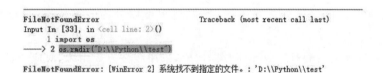

图 7.5 删除目录不存在显示异常

为了解决以上异常,可以在删除目录时,先使用 os.path.exists()函数判断目录是否存在,只有存在时才执行删除操作。示例代码如下:

```
import os
path=" D:\Python\test "
if os.path.exists(path):
    os.rmdir(path)
    print("文件目录删除成功! ")
else:
    print("该文件目录不存在! ")
```

执行上面的代码,如果文件目录"D:\Python\test"存在,目录将被删除,同时会输出"文件目录删除成功!";否则会输出"该文件目录不存在!"。

5. 重命名目录

重命名目录使用 os 模块提供的 rename()函数实现。rename()函数的基本语法格式如下:

```
os.rename(src,dst)
```

参数说明:src 是要修改的文件目录,dst 是指定重命名后的目录。如果 src 是一个不存在的目录,将抛出 OSError 异常。所以在进行文件目录重命名时,建议先使用 os.path.exists()函数判断文件目录是否存在,只有存在时才可以进行重命名操作。示例代码如下:

```
import os
src="D:\\Python\\test"
dst="D:\\Python\\test1"
if os.path.exists(src):
    os.rename(src,dst)
    print("文件目录重命名成功!")
else:
    print("该文件目录不存在!")
```

执行上面的代码,如果目录"D:\\Python\\test"存在,文件目录将被重命名,同时会输出"文件目录重命名成功!";否则会输出"该文件目录不存在!"。

7.5 一维数据、二维数据的格式化

7.5.1 数据组织的维度

一组数据在被计算机处理前需要进行一定的组织,表明数据之间的基本关系和逻辑,进而形成数据的维度。根据数据关系不同,数据组织可以分为一维数据、二维数据和高维数据。

一维数据由对等关系的有序或无序数据构成,采用线性方式组织,对应于数学中的数组和集合。

例如,以下城市是对等关系,即可表示为一维数据。

北京、上海、广州、深圳、重庆、天津、南京、杭州、合肥

二维数据也称表格数据,由关联数据构成,采用二维表格方式组织,对应于数学中的矩阵,常见的表格都属于二维数据。

例如:国家统计局发布的居民消费价格指数是二维数据,2022 年 2 月份居民消费价格主要数据如表 7.7 所示。

表 7.7   2022 年 2 月份居民消费价格指数

居民消费价格	环比涨跌幅/(%)	同比涨跌幅/(%)
城市	0.6	1.0
农村	0.6	0.5
食品	1.4	−3.9
非食品	0.4	2.1
消费品	1.0	0.7
服务	0.0	1.2

高维数据由键值对类型的数据构成,采用对象方式组织,可以多层嵌套,属于整合度更好的数据组织方式。高维数据在 Web 系统中十分常用,衍生出 HTML、XML、JSON 等具体数据组织的语法结构。高维数据相比一维数据和二维数据能表达更加灵活和复杂的数据关系。

存储不同维度的数据需要适合维度特点的文件存储格式,处理不同维度数据的程序需要使用相适应的数据类型和结构,因此,对于数据处理需要考虑表示和读写等问题。

7.5.2 一维数据

1. 一维数据的表示

一维数据是最简单的数据组织类型,由对等关系的有序或无序数据构成,采用线性方式组织。

一维有序数据,可使用列表类型表示,使用 for 循环遍历列表,进而对每一个数据进行处理。

一维无序数据,可使用集合类型表示,使用 for 循环遍历集合,进而对每一个数据进行处理。

2. 一维数据的读写

(1)从空格分隔的文件中读入数据,示例代码如下:

```
f=open('file8.txt','r',encoding='utf-8')
txt=f.read()
ls=txt.split()
f.close()
print(ls)
```

程序执行结果如下:

```
['北京', '上海', '广州', '深圳', '重庆', '天津', '南京', '杭州', '合肥']
```

(2)从特殊符号分隔的文件中读入数据,示例代码如下:

```
f=open('file9.txt','r',encoding='utf-8')
txt=f.read()
ls=txt.split(",")
f.close()
print(ls)
```

程序执行结果如下:

```
['北京', '上海', '广州', '深圳', '重庆', '天津', '南京', '杭州', '合肥']
```

(3)从空格分隔方式将数据写入文件,示例代码如下:

```
ls=['北京', '上海', '广州', '深圳', '重庆', '天津', '南京', '杭州', '合肥']
f=open('file9.txt','w')
f.write(''.join(ls))
f.close()
```

程序执行结果如图 7.6 所示。

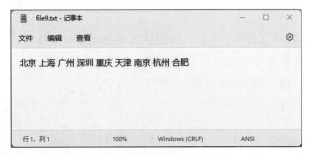

图 7.6 空格分隔方式将数据写入成功

（4）从逗号分隔方式将数据写入文件，示例代码如下：

```
ls=['北京', '上海', '广州', '深圳', '重庆', '天津', '南京', '杭州', '合肥']
f=open('file10.txt','w')
f.write(','.join(ls))
f.close()
```

程序执行结果如图 7.7 所示。

图 7.7　逗号分隔方式将数据写入成功

7.5.3　二维数据

1. 二维数据的表示

二维数据是由多条一维数据构成的，可以看成是一维数据的组合形式。可以使用 Python 中的列表类型表示，组成一个二维列表。数据采用二维列表表示如下：

```
[
    ['居民消费价格','环比涨跌幅(%)','同比涨跌幅(%)\n'],
    ['城市','0.6','1.0\n'],
    ['农村','0.6','0.5\n'],
    ['食品','1.4','-3.9\n'],
    ['非食品','0.4','2.1\n'],
    ['消费品','1.0','0.7\n'],
    ['服务','0.0','1.2\n'],
]
```

二维数据可采用两层 for 循环遍历列表的每一个元素，外层列表中的每一个元素对应表格的一行或者一列。

2. 二维数据的读写

用 Python 读入 CSV 文件时，可以一次性读入全部数据，将其写入列表，使用列表即可表达数据，也可以逐行读取 CSV 文件，逐行运算处理。

（1）逐行读入并处理 CSV 格式数据，示例代码如下：

```
f=open('2022CPI.csv','r')
ls=[]
for line in f:
```

```
        line=line.replace("\n","")
        ls=line.split(",")
        lns=""
        for s in ls:
            lns +="{}\t".format(s)
        print(lns)
    f.close()
```

程序执行结果如下：

居民消费价格		环比涨跌幅(%)	同比涨跌幅(%)
城市	0.6	1	
农村	0.6	0.5	
食品	1.4	-3.9	
非食品	0.4	2.1	
消费品	1	0.7	
服务	0	1.2	

CSV 是逗号分隔符文本格式，元素之间用逗号分开，获取文件内容时，需要用 split（","）方法分割出一行的各项数据。CSV 文件的每一行最后会包含一个换行符"\n"，利用字符串的 replace()方法将其去掉。

(2)二维数据写入 CSV 文件，示例代码如下：

```
ls=[['居民消费价格', '环比涨跌幅(%)', '同比涨跌幅(%)'],
    ['城市', '0.6', '1'],
    ['农村', '0.6', '0.5'],
    ['食品', '1.4', '-3.9'],
    ['非食品', '0.4', '2.1'],
    ['消费品', '1', '0.7'],
    ['服务', '0', '1.2']]
f=open('2022CPIw.csv','w')
for item in ls:
    print(item)
    f.write(','.join(item)+'\n')
f.close()
```

程序执行结果如图 7.8 所示。

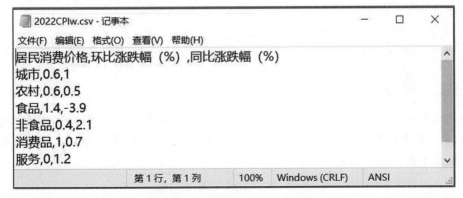

图 7.8　二维数据成功写入文件

7.6　高维数据的格式化

高维数据与一维数据、二维数据不同,其能展示数据间更为复杂的组织关系。高维数据采用最基本的二元关系,即键值对。

JSON(JavaScript object notation,JavaScript 对象标记)是一种轻量级的数据交换格式,使用字符串来描述典型的内置对象(例如字典、列表、数字和字符串),易于阅读和理解。JSON 格式可以对高维数据进行表示和存储。JSON 是存储和交换文本信息的语法,类似XML。但 JSON 比 XML 更小、更快,更易解析。JSON 格式表达键值对<key, value>的基本格式如下:

```
"key":"value"
```

对于 JSON 数据,通过 Python 语言的标准库 json 来操作,包含两个过程:编码和解码。编码是将 Python 数据类型字典、列表或元组转换成 JSON 格式的字符串或输出到文件,解码是将 JSON 格式的字符串或者文件装入 Python 的字典或列表中。

json 库主要包括 4 个操作类函数,dumps( )和 loads( )分别对应编码和解码功能。表 7.8 是 json 库常见的操作类函数。

表 7.8　json 库的操作类函数

函　　数	描　　述
json. dumps(obj)	返回把 obj 对象转换为 JSON 字符串,编码过程
json. dump(obj,fp)	把 obj 对象转换为 JSON 字符串写入文件 fp
json. loads(s)	返回把 JSON 字符串 s 转换为对象,解码过程
json. load(fp)	返回把从文件 fp 中读取 JSON 字符串转换为对象

例如,json 库的用法,示例代码如下:

```
import json
data=[{'a':'1.0','b':'5','c':(5,6)}]
jsonstr=json.dumps(data)
print(jsonstr)
data1=json.loads(jsonstr)
print(data1,type(data1))
```

程序执行结果如下:

```
[{"a": "1.0", "b": "5", "c": [5, 6]}]
[{'a':'1.0', 'b':'5', 'c': [5, 6]}] < class'list'>
```

本 章 小 结

本章主要介绍了文件的读写方法以及打开和关闭等基本操作,介绍了数据组织的维度的概念,进一步介绍了一维数据、二维数据的格式化和读写方法,最后介绍了高维数据的格式化读写方法及 json 库的操作方法。

习 题 7

一、选择题

1.下列选项中( )表示对文件的"追加写"操作。

A.'r'　　　　　B.'w'　　　　　C.'a'　　　　　D.'x'

2.使用 open()函数打开文本文件时,默认的编码格式是( )。

A. ASCII　　　　B. GBK　　　　C. CP936　　　　D. UTF-8

3.下列选项中( )表示对文件的"读取二进制"的操作。

A.'r'　　　　　B.'rb'　　　　　C.'a'　　　　　D.'x'

4.下列选项中( )表示"返回文件指针"的操作。

A. seek　　　　B. close　　　　C. truncate　　　　D. tell

5.以下函数中,( )可以实现将字符串列表写入文件中。

A. writelines　　B. writeline　　C. write　　　　D. writearray

二、判断题

1.使用 open()函数打开文件时,只要文件路径正确就可以正确打开。( )

2.Python 使用 os 模块的 chdir()函数更改当前工作目录。( )

3.用 Python 读入 CSV 文件时,可以一次性读入全部数据写入列表。( )

4.os 模块的 getcwd()用于创建工作目录。( )

三、编程题

编写程序,统计一个文本文件中出现的大写字母和它们出现的次数并输出。

第8章

异常

程序在执行过程中会产生异常,为了增强程序的健壮性,需要考虑捕获并处理异常,这就是本章要介绍的异常处理。

8.1 什么是异常

异常(runtime error)是一个事件,该事件会在程序执行过程中发生,影响程序的正常执行,并输出一些表明异常产生原因的信息。

当 Python 脚本发生异常时,为增强程序的健壮性,需要捕获并处理异常,否则程序就会终止执行。例如,在读取文件时需要考虑文件不在、文件格式不正确、被除数为 0、操作的数据类型不对、存储错误、互联网请求错误等异常情况。

Python 提供了对异常进行处理的方法,使得程序即便发生异常,也不会终止,而是可以根据程序员的意图继续执行。创建一个异常示例,示例代码如下:

```python
n=100
i=input("请输入除数:")
  result=n / int(i)
print(result)
```

程序执行结果如图 8.1 所示。

请输入除数:0

```
ZeroDivisionError                    Traceback (most recent call last)
Input In [1], in <cell line: 3>()
      1 n = 100
      2 i = input("请输入除数: ")
----> 3 result = n / int(i)
      4 print(result)

ZeroDivisionError: division by zero
```

图 8.1 创建异常示例

在数学中,任何整数都不能除以 0,如果在计算机程序中将整数除以 0,Python 会抛出 ZeroDivisionError:division by zero 异常,即除零异常。

在用 Python 编写代码时,认真查看报错信息十分重要,我们可以通过阅读报错信息,并结合相关说明文档了解异常详情。

在 Python 中,异常有多种用途。下面是常见的 5 种用途。

(1)错误处理。在程序执行过程中检测到程序错误时,Python 就会触发异常。可以在程序代码中捕捉和响应错误,或者忽略已发生的异常。但如果忽略错误,Python 默认的异常处理启动,停止程序,打印出错误信息。若不想启动这种默认行为,就需要用 try 语句来捕捉异常并从异常中恢复,当检测到错误时,Python 会跳到 try 处理器,而程序在 try 之后会重新继续执行。

(2)事件通知。异常可用于发出有效的状态信号,不需在程序间传递结果标志位,或者刻意对其进行测试。

(3)特殊情况处理。有时,发生了某种很罕见的情况,很难调整代码去处理。通常会在异常处理器中处理这些罕见情况,从而省去编写应对特殊情况的代码。

(4)终止行为。正如将要看到的一样,try/finally 语句可确保一定会进行需要的结束运算,无论程序中是否有异常。

(5)非常规控制流程。最后,因为异常是一种高级的"goto"语句,它可以作为实现非常规的控制流程的基础。Python 中没有"goto"语句,但是异常有时候可以充当类似的角色。

课 程 思 政

"千里之堤,溃于蚁穴。"千里长堤虽然看似十分牢固,却会因为一个小小的蚁穴而崩溃。这句话更是警示我们世人,事情的发展是一个由小到大的过程,当存在微小的安全隐患时,如果不给予足够的重视和正确及时的处理,就会留下无穷的后患。

8.2 常见异常

在 Python 中内建一些异常,其中常见的异常如表 8.1 所示。

表 8.1 常见的异常及其描述

异 常 类 名	描 述
Exception	几乎所有的异常类都是从它派生而来的
AttributeError	引用属性或给它赋值失败时引发
OsError	操作系统不能执行指定任务时引发
IndexError	使用序列中不存在的索引时引发,为 LookupError 的子类
IndentationError	缩进错误
IOError	输入输出错误(如要读取的文件不存在)
KeyError	使用映射中不存在的键时引发,为 LookupError 的子类
NameError	找不到名称(变量)时引发
SyntaxError	代码不正确时引发
TypeError	将内置操作或函数用于类型不正确的对象时引发
ValueError	将内置操作或函数用于这样的对象时引发:其类型正确但包含的值不合适
ZeroDivisionError	在除法或求模运算的第二个参数为 0 时引发

8.3 捕获和处理异常

异常比较有趣的地方是可对其进行处理,通常称之为捕获异常。当程序出现异常时,Python 默认的异常处理行为将启动,停止程序并打印出错误信息。如果不希望执行默认的异常行为,需要把调用包装在 try 语句中,自行捕捉异常。

8.3.1　try-except 语句

Python 使用 try-except 语句用于进行异常处理,try 子句中的代码块中包含在执行过程中可能引发异常的语句,except 子句中的代码块处理异常执行,其基本语法格式如下:

```
try:
    < 语句块 1>
except Exception:
    < 语句块 2>
```

如果执行的过程中没有产生异常,执行语句块 1,不会执行语句块 2。当发生异常时执行 except 保留字后面的语句块 2。

try-except 语句的工作流程如图 8.2 所示。

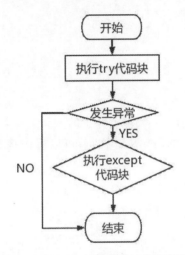

图 8.2　try-except 语句的工作流程图

使用 try-except 语句处理异常的示例代码如下:

```
m=100
n=int(input("请输入除数:"))
try:
    result=m / n
    print(result)
except:
    print("不能除以 0,异常。")
```

执行过程和结果如下:

```
请输入除数:0
不能除以 0,异常。
```

从执行结果可以看出,当输入数字 0 后,发生异常,跳到 except 代码块执行。

上例中,在 except 语句中没有指定具体的异常类型,则 except 语句可以捕获在 try 中发生的所有异常。若在 except 语句中指定具体的异常类型,则 except 语句只能捕获在 try 中发生的指定类型的异常。示例代码如下:

```
m=100
n=int(input("请输入除数:"))
try:
    result=m / n
    print(result)
except ZeroDivisionError as e:
    print("不能除以 0,异常。")
```

上述代码中,e 是异常对象,是一个变量。

8.3.2　try-except-else 语句

除了 try 和 except 保留字外,异常语句还可以与 else 保留字配合使用,语法格式如下:

```
try:
    < 语句块 1>
except Exception:
    < 语句块 2>
else:
    < 语句块 3>
```

此处的 else 语句与 for 循环和 while 循环中的 else 一样,当 try 中的语句块 1 正常执行结束且没有发生异常时,else 中的语句块 3 执行,可以看作是对 try 语句块正常执行后的一种追加处理。

try-except-else 语句的工作流程图如图 8.3 所示。

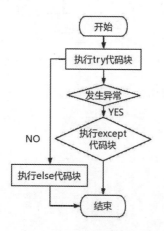

图 8.3　try-except-else 语句的工作流程图

使用 try-except-else 语句处理异常的示例代码如下:

```
m=100
n=int(input("请输入除数:"))
try:
    result=m / n
    print(result)
except ZeroDivisionError as e:
```

```
        print("不能除以 0,异常:{}.".format(e))
    else:
        print("没有异常。")
```

执行过程和结果如下:

```
请输入除数:2
50.0
没有异常。
```

8.3.3 多个 except 代码块

多条语句可能会引发多种不同的异常,而每一种异常都需要采用不同的处理方式。我们可以在一个 try 后面跟多个 except 代码块来解决此类问题,语法格式如下:

```
try:
    < 语句块 1>
except  Exception1:
    < 语句块 2>
...
except  ExceptionN:
    < 语句块 N+1>
except:
    < 语句块 N+2>
```

其中,第 1 个到第 N 个 except 语句后面都指定了异常类型,说明这些 except 所含的语句块只处理这些类型的异常,最后一个 except 语句省略了异常类型,可以捕获上面没有匹配的异常类型。多个 except 代码块会根据异常类型匹配到不同的 except 代码块。这个过程与 if-elif-else 语句类似,是分支结构的一种表达方式。

使用多个 except 代码块处理异常的示例代码如下:

```
m=100
n=int(input("请输入除数:"))
try:
    result=m / n
    print(result)
except ZeroDivisionError as e:
    print("不能除以 0,异常:{}.".format(e))
except ValueError:
    print("输入的是无效数字,异常。")
```

上例中程序将用户输入的数字作为索引,表达式 result=n / int(i) 可能发生除零异常,式中 int(i) 也可能发生整数转换异常,当用户输入为零时,except ZeroDivisionError 异常被捕获到,程序输出"不能除以 0,异常:division by zero."信息,当用户输入的不是数值时,except ValueError 异常被捕获,程序输出"输入的是无效数字,异常。"信息。

执行过程和结果如图 8.4 所示。

8.3.4 finally 子句

有时在 try-except 语句中会占用一些资源,例如打开的文件、数据库及数据结果集等都

请输入除数：a

```
ValueError                                    Traceback (most recent call last)
Input In [5], in <cell line: 2>()
    1 m = 100
──> 2 n = int(input("请输入除数："))
    3 try:
    4     result = m / n

ValueError: invalid literal for int() with base 10: 'a'
```

图 8.4　多个 except 代码块示例

会占用计算机资源，程序执行后，我们可以使用 finally 代码块释放这些资源。

在 try-except 语句后面，可以跟一个 finally 代码块，语法格式如下：

```
try:
    <语句块 1>
except Exception1:
    <语句块 2>
else:
    <语句块 3>
finally:
    <语句块 4>
```

无论是 try 中的语句块 1 正常结束，还是 except 语句块 2 异常结束，都会执行 finally 语句块 4。因此，可以将程序执行语句块 1 的一些收尾工作放在 finally 语句块内。try-except-finally 语句的工作流程图如图 8.5 所示。

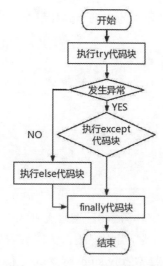

图 8.5　try-except-finally 语句的工作流程图

使用 finally 语句处理异常的示例代码如下：

```
m=100
n=int(input("请输入除数:"))
```

```
try:
    result=m / n
    print(result)
except ZeroDivisionError as e:
    print("不能除以 0,异常:{}.".format(e))
except ValueError as e:
    print("输入的是无效数字,异常:{}.".format(e))
finally:
    print("资源已释放...")
```

执行过程和结果如下：

```
请输入除数:0
不能除以 0,异常:division by zero.
资源已释放...
```

8.3.5 assert 语句

在开发一个程序的时候,与其让程序执行后崩溃,不如在条件不满足程序执行的情况下直接返回错误。这时候断言 assert 就显得非常有用。

assert 语句的语法结构如下：

```
assert expression[ , reason]
```

expression 条件为真时,什么都不做;若为假,则抛出 AssertionError 异常,reason 用于对判断条件进行描述。

示例代码如下所示：

```
m=100
n=int(input("请输入除数:"))
assert n! =0,"除数不能为零"
result=m / n
print(result)
```

当条件为真时,程序执行结果如下：

```
请输入除数:10
10.0
```

当条件为假时,程序执行结果如图 8.6 所示。

```
请输入除数：0

                                          Traceback (most recent call last)
AssertionError
Input In [8], in <cell line: 3>()
    1 m = 100
    2 n = int(input("请输入除数： "))
──> 3 assert n != 0,"除数不能为零"
    4 result = m / n
    5 print(result)

AssertionError: 除数不能为零
```

图 8.6　assert 语句示例（条件为假）

如果表达式为假,Python 就会引发 AssertionError 异常,引发的 AssertionError 异常如果没有被 try 捕获,就会终止程序的执行。

课 程 思 政

人非圣贤,孰能无过,过而能改,善莫大焉。犯错不可怕,可怕的是知错不改,发生错误要敢于承认错误,并进行改正,这不仅是一种勇气和美德,也是不断完善自我、不断进步的阶梯。

8.4 触发异常

8.4.1 raise 语句

在 Python 中,异常一般都是由解释器触发,也可以通过使用 raise 语句手动触发异常。使用 raise 语句手动触发异常的基本语法格式如下:

```
raise [ExceptionName[(reason)]]
```

语句［ExceptionName［(reason)]]中的方括号［］括起来的为可选参数。ExceptionName 是抛出的异常名称,它必须是一个异常的实例或者是异常的类(也就是 Exception 的子类)。reason 是异常信息的相关描述,如果不写此参数,抛出异常时,将没有任何异常描述信息。当可选参数都省略时,raise 语句会把当前错误原样抛出。

下面是触发异常的实例。

1. 无参 raise

raise 语句没有参数时触发异常的示例代码如图 8.7 所示。

```
raise
```

```
RuntimeError                              Traceback (most recent call last)
Input In [9], in <cell line: 1>()
----> 1 raise

RuntimeError: No active exception to reraise
```

图 8.7　无参 raise 触发异常的示例

2. raise ExceptionName

raise ExceptionName 语句触发异常的示例如图 8.8 所示。

```
raise ZeroDivisionError
```

```
ZeroDivisionError                         Traceback (most recent call last)
Input In [10], in <cell line: 1>()
----> 1 raise ZeroDivisionError

ZeroDivisionError:
```

图 8.8　raise ExceptionName 语句触发异常的示例

3. raise ExceptionName(reason)

raise ExceptionName(reason)语句触发异常的示例如图 8.9 所示。

```
raise ZeroDivisionError('除数不能为零')
```

```
ZeroDivisionError                          Traceback (most recent call last)
Input In [11], in <cell line: 1>()
----> 1 raise ZeroDivisionError('除数不能为零')

ZeroDivisionError: 除数不能为零
```

图 8.9   raise ExceptionName(reason)语句触发异常的示例

4. 处理手动抛出的异常

处理手动抛出的异常示例代码如下：

```
m=100
try:
    n=int(input("请输入除数:"))
    if(n==0):
        raise ZeroDivisionError("除数不能为 0")
    result=m / n
    print(result)
except ZeroDivisionError as e:
    print("引发异常:",repr(e))
```

执行过程和结果如下：

```
请输入除数:0
引发异常: ZeroDivisionError('除数不能为 0')
```

由执行结果可知，当用户输入的除数是 0 时，程序会进行 if 判断语句，并执行 raise 引发 ZeroDivisionError 异常。但由于其位于 try 块中，因此 raise 抛出的异常会被 try 捕获，并由 except 块进行处理。

8.4.2   raise…from 语句

Python 3.0 也允许 raise 语句拥有一个可选的 from 子句。基本语法格式如下：

```
raise Exception from otherException
```

raise A from B 语句用于连锁 chain 异常。

当使用 from 的时候，otherException 为另一个异常类或实例，otherException 会被设置为 Exception 的__cause__属性，表明 Exception 异常是由 otherException 异常导致的。如果引发的异常没有捕获，Python 把异常也作为标准出错信息的一部分打印出来。示例代码如下：

```
m=100
try:
    n=int(input("请输入除数:"))
```

```
        if(n==0):
            raise ZeroDivisionError("除数不能为 0 ")
        result=m / n
        print(result)
    except ValueError as e:
        print("引发异常:",repr(e))
        raise ValueError('输入的是无效数字') from e
```

执行过程和结果如图 8.10 所示。

```
请输入除数: a
引发异常: ValueError("invalid literal for int() with base 10: 'a'")
```

```
ValueError                              Traceback (most recent call last)
Input In [13], in <cell line: 2>()
    2 try:
──> 3     n = int(input("请输入除数: "))
    4     if(n == 0):

ValueError: invalid literal for int() with base 10: 'a'

The above exception was the direct cause of the following exception:

ValueError                              Traceback (most recent call last)
Input In [13], in <cell line: 2>()
    8 except ValueError as e:
    9     print("引发异常: ",repr(e))
──> 10    raise ValueError("输入的是无效数字") from e

ValueError: 输入的是无效数字
```

图 8.10   raise…from 语句示例

由执行结果可知,打印出来的异常信息中包含"The above exception was the direct cause of the following exception:"语句。

当一个异常处理器内部引发一个异常的时候,隐式地遵从类似的过程:前一个异常附加到新的异常的__context__属性,并且如果该异常未捕获的话,再次显示在标准出错信息中。

本 章 小 结

本章详细地介绍了异常及其处理,Python 提供了两个非常重要的功能来处理 Python 程序在执行中出现的异常和错误。Python 使用 try-except 语句捕捉异常,raise 语句自动触发异常,assert 语句手动触发异常。

习 题 8

一、选择题

1. 在 Python 程序中出现除零运算,执行过程中会抛出(　　)错误信息。

A. ValueError　　　　B. NameError　　　　C. ZeroDivisionError　　　　D. SyntaxError

2. 在 Python 程序中打开不存在的文件,执行过程中会抛出(　　)错误信息。

A. ValueError　　　　　　　　　　　　B. FileNotFoundError

C. NameError   D. SyntaxError

3. 以下关于异常处理 try 语句块的说法,不正确的是( )。

A. try 块必须与 except 或 finally 块一起使用

B. finally 语句中的代码块始终要保证被执行

C. 一个 try 块后接一个或多个 except 块

D. 一个 try 块后接一个或多个 finally 块

二、判断题

1. 在程序执行过程中检测到程序错误时,Python 不会自动触发异常。( )

2. 可以使用相同的 except 语句来处理多个异常信息,多个异常中的一个出现便执行 except 代码块。( )

3. try…finally…语句无论是否发生异常都将会执行最后 finally 中的代码。( )

4. 执行 raise 语句会抛出异常,并实例化该异常类的一个相应实例。( )

5. 在 Python 中,异常都是由解释器触发的。( )

三、编程题

定义 input_password 函数,提示用户输入密码。如果用户输入长度<8,抛出异常,如果用户输入长度>=8,返回输入的密码。

第 9 章

网络爬虫

万维网的快速发展带来了大量获取和提交网络信息的需求,便产生了"网络爬虫"等一系列应用。Python 语言的简洁性和脚本特点非常适合链接和网页处理,因此,在 Python 的计算生态中,与 url 和网页处理相关的第三方库很多。例如,urllib、requests、wget、Scrapy 等函数库。这些库的作用不同,使用方式不同,用户体验不同。对于爬取回来的网页内容,可以通过正则表达式、BeautifulSoup、XPath 等函数库来处理。本章将详细介绍其中较重要且较主流的函数库 requests、BeautifulSoup 及 Scrapy 框架。

9.1 初识网络爬虫

互联网上有很多数据是可以免费公开访问的,但是这些数据不能直接获取,需要爬虫从网站的结构和样式当中抽取出来。搜索引擎公司可以每天 24 小时不间断地执行爬虫,从全世界的各种网站上爬取网页,收集并整理互联网上的网页、图片、视频等信息,然后根据关键字为这些网页建立索引并存在数据库中。然后当用户在搜索引擎中输入对应的关键词时,可以快速地从数据库中找到相关的网页展示给用户。

9.1.1 网络爬虫概述

网络爬虫(又被称作网络蜘蛛、网络机器人),是指自动地获取网页并提取信息的脚本或程序。进行网页信息爬取的方法有多种,我们通过 Python 可以很轻松地编写爬虫程序或者脚本。

爬虫首先要做的工作就是获取网页,即获取网页的源代码。向网站的服务器发送一个请求,返回的响应体便是网页源代码。获取网页源代码后,就可以从分析网页源代码中提取我们想要的数据。最后将从网页中提取到的数据进行保存,以便后续使用。

9.1.2 网络爬虫的基本原理

一个通用的网络爬虫的基本工作流程如图 9.1 所示。网络爬虫的基本工作流程如下:

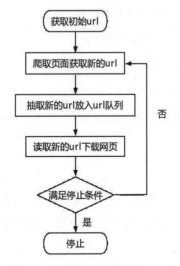

图 9.1 网络爬虫的基本工作流程

（1）获取要爬取的网页初始的 url，该 url 地址是用户自己制定的初始爬取的网页。

（2）爬取对应 url 地址的网页时，获取新的 url 地址。

（3）将新的 url 地址放入 url 队列中。

（4）从 url 队列中读取新的 url，然后依据新的 url 爬取网页，同时从新的网页中获取新的 url 地址，重复上述的爬取过程。

（5）判断是否满足停止条件，满足时爬虫将停止爬取，否则继续爬取。如果没有设置爬虫停止条件，爬虫会一直爬取下去，直到无法获取新的 url 地址为止。

9.2 requests 库

日常使用浏览器访问网页，或者用脚本访问 url，其本质就是客户端向服务端发出 HTTP 网络请求，在 Python 中最经常使用 requests 库来处理 HTTP 网络请求。

9.2.1 requests 库概述

requests 库作为 Python 最知名的开源模块之一，由 Kenneth Reitz 开发。requests 库是建立在 Python 自带的 urllib 库的基础上的，但是 requests 库在处理 HTTP 请求时要比 urllib 库更加简洁，它最大的优点是程序编写过程更接近正常 url 访问过程。

requests 库属于 Python 第三方库，所以需要我们手动安装，通过执行代码 pip install requests 进行安装。

requests 库的使命就是完成 HTTP 请求，对于各种 HTTP 请求，requests 都能简单漂亮地完成。requests 库常用的网页请求函数如表 9.1 所示。

表 9.1 requests 库常用的网页请求函数

函　　数	描　　述
get(url[，timeout＝n])	请求页面，并返回页面内容，获取网页最常用的函数，可以增加 timeout＝n 参数，设定每次请求超时时间为 n 秒
post(url)	用于提交表单或上传文件
delete(url)	请求服务器删除指定页面
head(url)	用于获取报头
options(url)	允许客户端查看服务器的性能
put(url)	向服务器传送数据替换指定文档中的内容

9.2.2 使用 requests 获取网页源代码

HTTP 协议定义了客户端与服务器交互的不同方法，最基本的方法就是 get 和 post。get 可以根据链接获得页面内容，post 用于发送内容。这里重点介绍 get 和 post 这两种请求方式。

1. get 请求方式

get()是获取网页最常用的方式，调用 requests.get()函数后，返回的网页内容会保存为一个 Response 对象,其中,get()函数的参数 url 地址需要采用 HTTP 或 HTTPS 方式访问。示例代码如下:

```
import requests                          #导入模块
response=requests.get("http://www.baidu.com")    #使用 get 打开百度链接
print(type(response))                    #返回 Response 对象
print(response.url)                      #返回请求 url
```

程序执行结果如下:

```
< class 'requests.models.Response'>
http://www.baidu.com/
```

由执行结果可知,get()函数得到了一个 Response 对象,然后分别输出 Response 的类型及 url。

和浏览器的交互过程一样,requests.get()代表请求过程,返回的 Response 对象代表响应,便于操作。Response 对象的属性如表 9.2 所示。

表 9.2　Response 对象的属性

属　性	描　述
status_code	HTTP 请求的返回状态,整数,200 表示连接成功,404 表示失败
encoding	HTTP 响应内容的编码方式
text	HTTP 响应内容的字符串形式,即 url 对应的页面内容
content	HTTP 响应内容的二进制形式

status_code 属性返回请求 HTTP 后的状态,在爬虫的时候,需要先判断当前网页对于请求是否有响应,如果请求未被响应,需要终止内容处理。encoding 属性非常重要,返回请求的页面内容的编码方式,可以通过对 encoding 属性赋值更改编码方式,以便处理中文字符。text 属性:请求页面内容时,requests 会使用 HTTP 头部中的信息来判断编码方式,并以字符串形式展示。content 属性是页面内容的二进制形式。text 有时候很容易和 content 混淆,简单地说,text 表达的是编码(一般就是 Unicode 编码)后的内容,而 content 是字节形式的内容。示例代码如下:

```
import requests
response=requests.get("http://www.baidu.com")
print(response.status_code)         #返回状态
print(response.encoding)            #页面的编码方式
response.encoding='utf-8'           #更改编码方式为 utf-8
print(response.encoding)
```

程序执行结果如下:

```
200
ISO-8859-1
utf-8
```

Response 对象除了属性,还提供一些函数,如表 9.3 所示。

表 9.3 Response 对象的函数

函　　数	描　　述
json()	如果 HTTP 响应内容包含 JSON 格式数据,则该函数解析 JSON 数据,否则返回错误
raise_for_status()	判断返回的 Response 类型状态是不是 200。如果是 200,表示返回的内容是正确的,否则抛出异常

json()函数能够在 HTTP 响应内容中解析存在的 JSON 数据。raise_for_status()函数能在响应失败后抛出异常,即只要返回的请求状态 status_code 不是 200,会抛出一个异常。

requests 会产生几种常用异常。遇到无效 HTTP 响应时,requests 会抛出 HTTPError 异常;当 url 请求超时时,会抛出 Timeout 异常;当遇到网络问题时,requests 会抛出 ConnectionError 异常。

2. post 请求方式

网页的访问方式除了 get 方式外,还有 post 方式。有一些网页,使用 get 和 post 方式访问同样的网址,得到的结果是不一样的。还有另外一些网页,只能使用 post 方式访问,如果使用 get 方式访问,网站会直接返回错误信息。

post 请求方式就是我们常说的提交表单,表单的数据内容就是 post 请求的参数,requests 实现 post 请求需设置请求参数 data,数据格式可以为字典、元组、列表和 json 格式,不同数据格式有不同的优势。示例代码如下:

```
import requests
data={'world':'hello'}
response=requests.post("http://httpbin.org/post",data=data)
print(response.text)
```

程序执行结果如图 9.2 所示。

```
{
  "args": {},
  "data": "",
  "files": {},
  "form": {
    "world": "hello"
  },
  "headers": {
    "Accept": "*/*",
    "Accept-Encoding": "gzip, deflate, br",
    "Content-Length": "11",
    "Content-Type": "application/x-www-form-urlencoded",
    "Host": "httpbin.org",
    "User-Agent": "python-requests/2.26.0",
    "X-Amzn-Trace-Id": "Root=1-6290261a-2d4cb23873ae57506b2a4934"
  },
  "json": null,
  "origin": "223.215.176.124",
  "url": "http://httpbin.org/post"
}
```

图 9.2　post 请求方式示例

由执行结果可知,post 请求成功发送并获得返回结果,其中 form 部分就是我们提交的数据。

9.3 BeautifulSoup

使用 requests 库获取 HTML 页面并将其转换成字符串后,需要进一步解析 HTML 页面格式,因为一个网页不只有内容,还有其他很多的语法用于构成页面的元素,比如标题、页眉页脚、页面颜色等。为了提取其中有用信息,就需要相应函数库来处理 HTML 和 XML。

常见的网页解析工具主要有 XPath、LXML 库及 BeautifulSoup 库,其中 BeautifulSoup 库是一个用来解析和处理 HTML 和 XML 的 Python 第三方库,本节主要介绍 BeautifulSoup4 库常见的用法。

9.3.1 BeautifulSoup 概述

BeautifulSoup 库,用于解析和处理 HTML 和 XML。它借助 Web 网页的结构和属性等特性来解析网页并封装成函数,查找提取功能非常强大,省去很多烦琐的提取工作,通常可以节省程序员数小时或数天的工作时间,解析效率非常高。

首先介绍一下 XML 和 HTML 的关系,HTML(hyper text mark-up language)是万维网的描述语言,而 XML(extensible markup language)则是可扩展标记语言。简单来说,HTML 中的标记是用来显示数据的,而 XML 中的标记用来描述数据的性质和结构。需要注意的是,XML 不是 HTML 的升级,而是 HTML 的补充。

9.3.2 BeautifulSoup 的安装

使用 BeautifulSoup 库时需要通过命令 pip install beautifulsoup4 进行安装,BeautifulSoup4 库是最新的版本。采用面向对象思想实现,简单地说,它把每个页面当作一个对象,通过<a>.<b>的方式调用对象的属性,或者通过<a>.<b>()的方式调用处理函数。

9.3.3 BeautifulSoup 的使用

BeautifulSoup 类是 BeautifulSoup4 库中最主要的类,采用 from-import 方式从库中直接引用 BeautifulSoup 类。BeautifulSoup 会自动将输入文档转换为 Unicode 编码,输出文档转换为 UTF-8 编码。不需要考虑编码方式,除非文档没有指定一个编码方式,此时,BeautifulSoup 就不用自动识别编码方式,只需要说明一下原始编码方式。下面使用 BeautifulSoup()创建一个 BeautifulSoup 对象。示例代码如下:

```
import requests
from bs4 import BeautifulSoup
response=requests.get("http://www.baidu.com")
response.encoding='utf-8'
soup=BeautifulSoup(response.text)
print(type(soup))
```

程序执行结果如下:

```
< class 'bs4.BeautifulSoup'>
```

由执行结果可知,soup 是一个 BeautifulSoup 对象。

创建出的 BeautifulSoup 对象是一个树形结构,包含 HTML 页面中的每一个 Tag(标签)元素,如＜head＞,＜body＞等。简单地说,就是 HTML 中的主要结构都变成了 BeautifulSoup 对象的一个属性,可以使用＜a＞.＜b＞形式,其中＜b＞的名字采用 HTML 中标签的名字。表 9.4 列出了 BeautifulSoup 中常用的一些属性。

表 9.4　BeautifulSoup 对象的属性

属　性	描　述
head	HTML 页面的＜head＞内容
title	HTML 页面标题,在＜head＞内,由＜title＞标记
body	HTML 页面的＜body＞内容
p	HTML 页面中第一个＜p＞内容
strings	HTML 页面所有呈现在 Web 上的字符串,即标签的内容

通过下面实例掌握 BeautifulSoup 的基本用法,示例代码如下:

```
import requests
from bs4 import BeautifulSoup
response=requests.get("http://www.baidu.com")
response.encoding='utf-8'
soup=BeautifulSoup(response.text)
head=soup.head
title=soup.title
body=soup.body
strings=soup.strings
print("页面的 head 内容是:{}".format(head))
print("页面的 title 内容是:{}".format(title))
print("页面的 body 内容是:{}".format(body))
print("页面的 strings 内容是:{}".format(strings))
print(type(head))
```

程序执行结果如图 9.3 所示。

由执行结果可知,BeautifulSoup 属性与 HTML 的标签名称相同,每一个 Tag 标签在 BeautifulSoup4 库中也是一个对象,叫作 Tag 对象。Tag 对象在逻辑上与 XML 或 HTML 文档中的 tag 相同。上例中,head 是一个标签对象。每个标签对象在 HTML 中都有类似的结构:

```
< a class= "mnav" href= "http://www.baidu.com"> < / a>
```

其中,尖括号＜＞中标签的名字是 name,尖括号内其他项是 attrs,尖括号之间的内容是 string。Tag 对象的重要属性如表 9.5 所示。

页面的head内容是:\<head>\<meta content="text/html;charset=utf-8" http-equiv="content-typ
e"/>\<meta content="IE=Edge" http-equiv="X-UA-Compatible"/>\<meta content="always" name
="referrer"/>\<link href="http://s1.bdstatic.com/r/www/cache/bdorz/baidu.min.css" rel="s
tylesheet" type="text/css"/>\<title>百度一下，你就知道\</title>\</head>
页面的title内容是:\<title>百度一下，你就知道\</title>
页面的body内容是:\<body link="#0000cc"> \<div id="wrapper"> \<div id="head"> \<div class="h
ead_wrapper"> \<div class="s_form"> \<div class="s_form_wrapper"> \<div id="lg"> \<img heig
ht="129" hidefocus="true" src="//www.baidu.com/img/bd_logo1.png" width="270"/> \</div> \<
form action="//www.baidu.com/s" class="fm" id="form" name="f"> \<input name="bdorz_come"
type="hidden" value="1"/> \<input name="ie" type="hidden" value="utf-8"/> \<input name
="f" type="hidden" value="8"/> \<input name="rsv_bp" type="hidden" value="1"/> \<input na
me="rsv_idx" type="hidden" value="1"/> \<input name="tn" type="hidden" value="baidu"/>\<s
pan class="bg s_ipt_wr">\<input autocomplete="off" autofocus="" class="s_ipt" id="kw" ma
xlength="255" name="wd" value=""/>\</span>\<span class="bg s_btn_wr">\<input class="bg s_b
tn" id="su" type="submit" value="百度一下"/>\</span> \</form> \</div> \</div> \<div id="u1">
\<a class="mnav" href="http://news.baidu.com" name="tj_trnews">新闻\</a> \<a class="mnav"
href="http://www.hao123.com" name="tj_trhao123">hao123\</a> \<a class="mnav" href="htt
p://map.baidu.com" name="tj_trmap">地图\</a> \<a class="mnav" href="http://v.baidu.com" n
ame="tj_trvideo">视频\</a> \<a class="mnav" href="http://tieba.baidu.com" name="tj_trtieb
a">贴吧\</a> \<noscript> \<a class="lb" href="http://www.baidu.com/bdorz/login.gif?login&a
mp;tpl=mn&u=http%3A%2F%2Fwww.baidu.com%2f%3fbdorz_come%3d1" name="tj_login">登录\</a>
> \</noscript> \<script>document.write('\<a href="http://www.baidu.com/bdorz/login.gif?log
in&tpl=mn&u='+ encodeURIComponent(window.location.href+ (window.location.search === ""
? "?" : "&")+ "bdorz_come=1")+ '" name="tj_login" class="lb">登录\</a>');\</script> \<a cl
ass="bri" href="//www.baidu.com/more/" name="tj_briicon" style="display: block;">更多产
品\</a> \</div> \</div> \</div> \<div id="ftCon"> \<div id="ftConw"> \<p id="lh"> \<a href="htt
p://home.baidu.com">关于百度\</a> \<a href="http://ir.baidu.com">About Baidu\</a> \</p> \<p
id="cp">©2017 Baidu \<a href="http://www.baidu.com/duty/">使用百度前必读\</a>   \<a clas
s="cp-feedback" href="http://jianyi.baidu.com/">意见反馈\</a> 京ICP证030173号 \<img sr
c="//www.baidu.com/img/gs.gif"/> \</p> \</div> \</div> \</div> \</body>
页面的strings内容是:\<generator object Tag._all_strings at 0x00000125EB223C80>
\<class 'bs4.element.Tag'>

图 9.3   BeautifulSoup 基本用法示例

表 9.5   Tag 对象的重要属性

属　　性	描　　述
name	字符串,标签的名字
text	字符串,标签的正文
attrs	字典,标签的属性集
contents	列表,此 Tag 下所有子 Tag 的内容
string	字符串,Tag 所包围的文本,网页中真实的文字

因此,可以通过 Tag 对象的 name、text、attrs、string 属性获取相应的内容。示例代码
如下:

```
import requests
from bs4 import BeautifulSoup
response=requests.get("http://www.baidu.com")
response.encoding='utf-8'
soup=BeautifulSoup(response.text)
print(soup.a)
```

```
print(soup.a.name)
print(soup.a.text)
print(soup.a.attrs)
print(soup.a.contents)
print(soup.a.string)
```

程序执行结果如下：

```
< a class="mnav" href="http://news.baidu.com" name="tj_trnews">新闻< /a>
a
新闻
{'href': 'http://news.baidu.com', 'name': 'tj_trnews', 'class': ['mnav']}
['新闻']
新闻
```

HTML 语法中同一个标签会有很多内容，例如＜a＞标签，而直接调用 soup.a 只能返回第一个。

如果我们需要列出标签对应的所有内容或者需要找到非第一个标签时，需要用到 BeautifulSoup 的 find() 和 find_all() 函数。函数 find() 和 find_all() 会遍历整个 HTML 文档，按照条件返回标签内容。

find_all() 函数是根据参数找到对应的标签，并返回一个列表类型。其语法格式如下：

```
find_all(name,attrs,recursive,string,limit)
```

其中参数含义：name，按照标签名字检索，名字用字符串表示；attrs，按照标签属性值检索，需要列出属性名称和值，用 JSON 表示；recursive，设置查找层次，只查找当前标签下一层时有 recursive＝False；string，按照关键字检索 string 属性内容，采用 string＝开始；limit，返回结果个数，默认返回全部结果。示例代码如下：

```
import requests
from bs4 import BeautifulSoup
import re
response=requests.get("http://www.baidu.com")
response.encoding='utf-8'
soup=BeautifulSoup(response.text,features="html.parser")
find=soup.find_all('meta')
print("查找的结果有{}个,如下".format(len(find)))
for i in find:
    print("内容是:{}".format(i))
print(soup.find_all(string=re.compile('百度')))
```

程序执行结果如下：

```
查找的结果有 3 个,如下
内容是:< meta content="text/html;charset=utf-8" http-equiv="content-type
"/>
内容是:< meta content="IE=Edge" http-equiv="X-UA-Compatible"/>
内容是:< meta content="always" name="referrer"/>
['百度一下,你就知道', '关于百度', '使用百度前必读']
```

BeautifulSoup 类还提供了一个 find() 函数，与 find_all() 函数相比，find() 函数只能返回

找到的第一个结果,并且结果以字符串形式返回。其语法格式如下:

```
find(name,attrs,recursive,text)
```

其中参数含义与 find_all()函数完全相同。示例代码如下:

```
import requests
from bs4 import BeautifulSoup
import re
response=requests.get("http://www.baidu.com")
response.encoding='utf-8'
soup=BeautifulSoup(response.text,features="html.parser")
find=soup.find(href="http://news.baidu.com").text
print(find)
```

程序执行结果如下:

```
新闻
```

课 程 思 政

网络爬虫虽然可以获取到需要的数据,但使用网络爬虫爬取数据时,一定要遵守
Robots 等相关协议,在协议许可范围内进行数据的采集,尊重数据提供方,增强法治意识。

9.4 Scrapy 框架

编写自己的爬虫程序,要从使用 requests 访问 url 开始编写,把网页解析、元素定位等功
能一行行写进去,再编写爬虫的循环抓取策略和数据处理机制等其他功能,工作量是非常大
的。使用特定的爬虫框架可以更高效地定制爬虫程序。

Scrapy 是 Python 开发的一个快速、高层次的屏幕抓取和 Web 抓取框架,用于抓取 Web
站点并从页面中提取结构化的数据。Scrapy 功能非常强大,爬取效率高,相关扩展组件多,
可配置和可扩展程度非常高,它几乎可以应对所有反爬网站,是目前 Python 使用最广泛的
爬虫框架。其最初是为了网络抓取所设计的,后台也应用在获取 API 所返回的数据(例如
Amazon Associates Web Services)或者通用的网络爬虫。

Scrapy 吸引人的地方在于它是一个框架,任何人都可以根据需求方便地修改。它也提
供了多种类型爬虫的基类,如 BaseSpider、Sitemap 爬虫等。

9.4.1 Scrapy 框架介绍

Scrapy 是一个基于 Twisted 的异步处理框架,是纯 Python 实现的爬虫框架,其架构清
晰,可扩展性极强,可以灵活完成各种需求。我们只需要定制开发几个模块就可以轻松实现
一个爬虫。Scrapy 是一套开源的框架,所以在使用时不需要担心收取费用的问题。Scrapy
的官网地址是:https://scrapy.org,官网页面如图 9.4 所示。

1. Scrapy 的下载与安装

在使用 Scrapy 之前,需要先下载安装,可以在 Anaconda Prompt 中使用 PIP 工具进行
下载和安装。命令如下所示:

```
pip install scrapy
```

图 9.4　Scrapy 的官网页面

注意：与其他章节不同的是，本章代码输入位置是 Anaconda Prompt，而不是 Jupyter Notebook。

2. Scrapy 框架结构

Scrapy 框架的结构如图 9.5 所示。

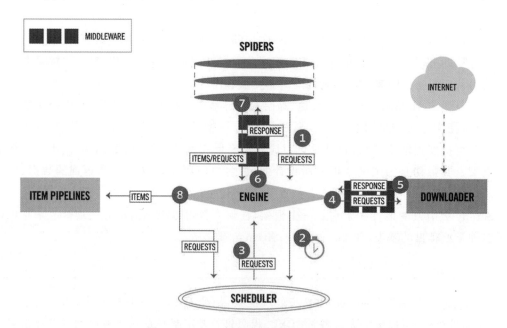

图 9.5　Scrapy 框架结构（来源 Scrapy 官网）

Scrapy 框架主要是 5＋2 结构，它们分别是引擎（Engine）、调度器（Scheduler）、下载器（Downloader）、爬虫（Spiders）和项目管道（Item Pipelines）、下载器中间件（Downloader Middlewares）、爬虫中间件（Spider Middlewares）。下面分别介绍各个组件的作用。

（1）Engine，引擎，处理整个系统的数据流处理、触发事务，是整个框架的核心，不需要用户修改。实际上，引擎相当于计算机的 CPU。

（2）Scheduler，调度器，接收引擎发过来的请求并将其加入队列中，在引擎再次请求的时候将请求提供给引擎。用户可以按自己的需求定制调度器。

（3）Downloader，下载器，下载网页内容，并将网页内容返回给蜘蛛。它是所有组件中负担最大的，用于高速地下载网络上的资源，不需要用户修改。

（4）Spiders，爬虫，是用户最关心的部分。处理引擎传过来的网页内容并提取数据、url，并返回给引擎，需要用户编写配置代码。

（5）Item Pipelines，项目管道，负责处理由爬虫从网页中抽取的项目，它的主要任务是清洗、验证和存储数据，需要用户编写配置代码。

（6）Downloader Middlewares，下载器中间件，位于引擎和下载器之间的桥梁框架，主要处理引擎与下载器之间的请求及响应，可以自定义下载扩展，如设置代理。

（7）Spider Middlewares，爬虫中间件，位于引擎和蜘蛛之间的桥梁框架，主要处理爬虫输入的响应和输出的结果及新的请求。

3. 数据流

Scrapy 中的数据流由引擎控制，并且经过如下步骤来流动：

（1）Engine 首先打开一个网站，找到处理该网站的 Spider，并向该 Spider 请求第一个要爬取的 url。

（2）Engine 从 Spider 中获取到第一个要爬取的 url，并通过 Scheduler 以 Request 的形式调度。

（3）Engine 向 Scheduler 请求下一个要爬取的 url。

（4）Scheduler 返回下一个要爬取的 url 给 Engine，Engine 将 url 通过 Downloader Middlewares 发给 Downloader 下载。

（5）一旦页面下载完毕，Downloader 生成该页面的 Response，并将其通过 Downloader Middlewares 发送给 Engine。

（6）Engine 从下载器中接收到 Response，并将其通过 Spider Middlewares 发送给 Spider 处理。

（7）Spider 处理 Response，并返回爬取到的 Item 及新的 Request 给 Engine。

（8）Engine 将 Spider 返回给 Item Pipelines，将新 Request 给 Scheduler。

（9）重复第（2）步到第（8）步，直到 Scheduler 中没有更多的 Request，Engine 关闭该网站，爬取结束。

通过多个组件的相互协作、不同组件完成工作的不同、组件对异步处理的支持，Scrapy 最大限度地利用了网络带宽，大大提高了数据爬取和处理的效率。

9.4.2 Scrapy Shell 的应用

Scrapy 提供了一个 Shell 相当于 Python 的 REPL 环境，可以用 Scrapy Shell 测试 Scrapy 代码。Scrapy Shell 是一种交互式终端，支持在未启动 Spider 的情况下尝试及调试爬取代码。在编写 Spider 时，该终端提供了交互式测试代码的功能，可以避免每次修改后都需要重新执行 Spider 的麻烦。在 Anaconda Prompt 或者 Windows 中打开黑窗口，执行 scrapy shell "url"命令，就会进入 Scrapy Shell。

接着就可以爬取网页，示例代码如下：

```
scrapy shell https://movie.douban.com/top250 -s USER_AGENT='Mozills/5.0'
```

因为有的网站有反爬机制，当使用 Scrapy Shell 的时候是以 Scrapy 爬虫的标识进行访问网站的，这时网站会拒绝为爬虫提供服务，就会返回 403 错误。而上例代码中，-s USER_AGENT='Mozills/5.0'是修改 user-agent 的值，使用浏览器的标识来对网站进行访问的，网站就不会拒绝服务，如图 9.6 所示。

图 9.6　爬取豆瓣电影 Top250

当使用 Scrapy Shell 进行爬取时，会返回一个 Response 对象，其中包含了已下载的内容，可以查看"已下载内容"，同时，自动打开已下载的网页。示例代码如图 9.7 所示，自动打开已下载的网页如图 9.8 所示。

view(response)

图 9.7　查看已下载内容

图 9.8　自动打开已下载的网页

网页中显示的信息比较多,现提取以下 3 个内容:

1. 提取电影名称

Scrapy 可以采用 XPath 以路径的形式访问 HTML 网页中的各个元素,因此要分析电影名称对应的路径。在浏览器的对应网页中按 F12 打开检查页,然后点击右上角定位键,之后在网页中找到元素 title 并点击,然后对高亮部分按下鼠标右键,找到 Copy,然后选择 Copy XPath 即可,如图 9.9 所示。可以用以下代码提取出 Response 对象中的电影名称信息,如图 9.10 所示。

```
all_mes=response.xpath('//div[@ class="info"]')
for i in all_mes:
    film_name=i.xpath('./div/a/span[1]/text()')[0].extract()
    print(film_name)
```

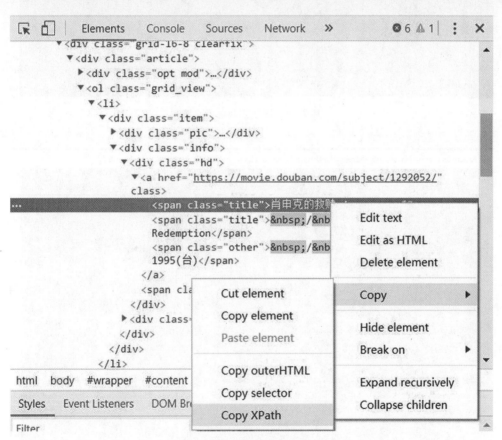

图 9.9　获取爬取信息的 XPath

2. 提取电影评分

找到电影评分的 XPath,用以下代码提取出 Response 对象中的电影评分信息,如图 9.11 所示。

```
for i in all_mes:
    score=i.xpath('./div/div/span[2]/text()')[0].extract()
    print(score)
```

图 9.10   提取到的电影名称

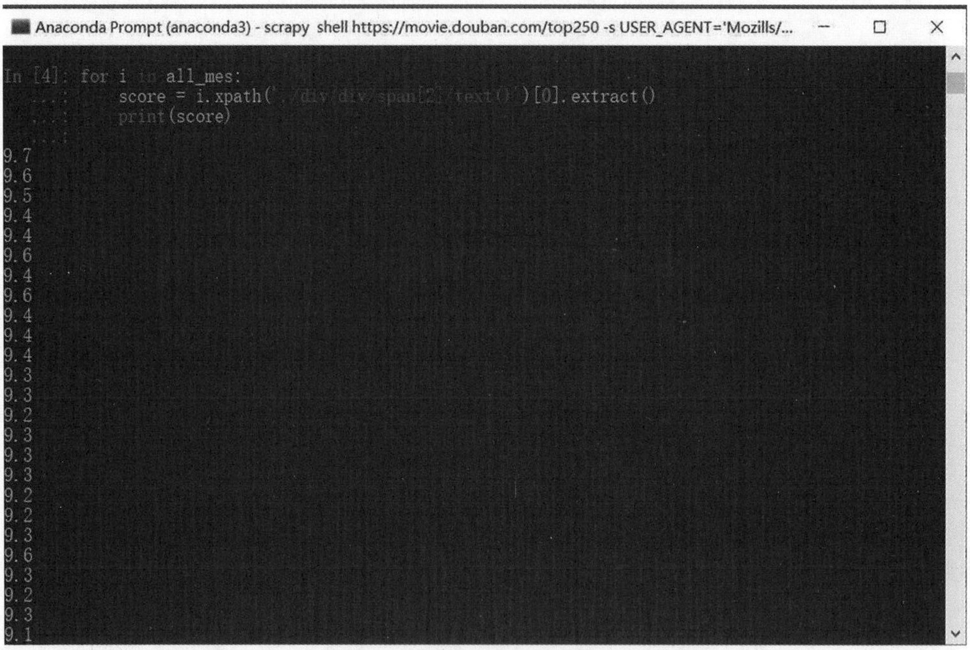

图 9.11   提取到的电影评分

3. 提取电影导演及演员等信息

找到电影导演及演员等信息的 XPath,用以下代码提取出 Response 对象中的电影导演及演员等信息,如图 9.12 所示。

```
for mes in all_mes:
    director=mes.xpath('./div/p/text()')[0].extract().strip()
    print(director)
```

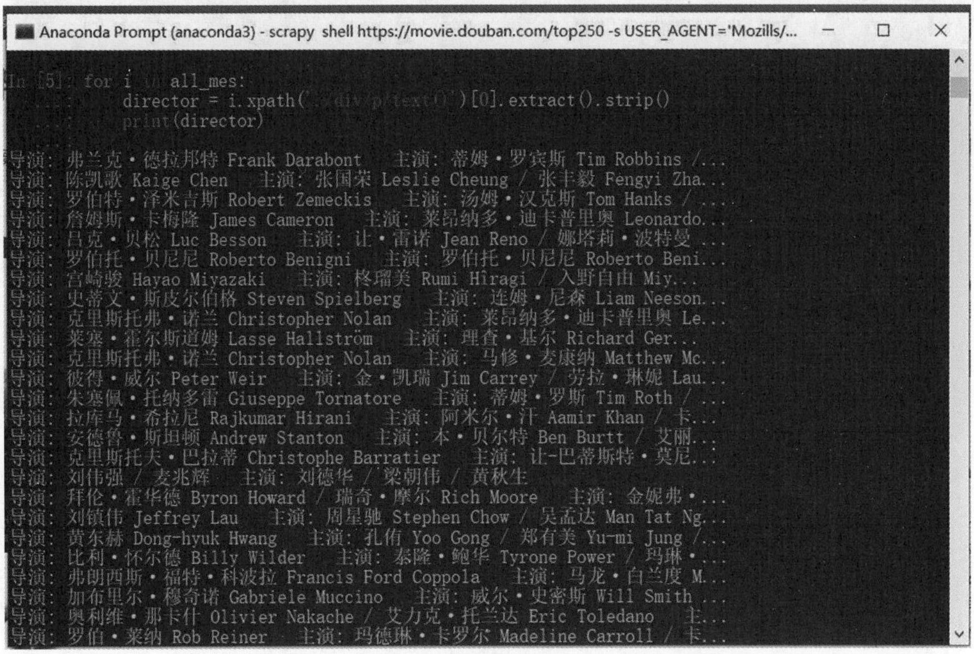

图 9.12　提取到的电影导演及演员等信息

9.4.3　自定义 Spider 类

Spider 类是用于爬取网页内容的程序，包括了爬取的动作以及如何从网页的内容中提取结构化数据。不同的网页需要编写自定义的 Spider 类。现爬取豆瓣电影 Top250 数据，主要步骤如下：

1. 创建 Scrapy 项目

Scrapy 项目文件可以直接用 scrapy 命令生成，代码如下所示：

```
scrapy startproject DBmovie
```

生成的文件如图 9.13 所示。

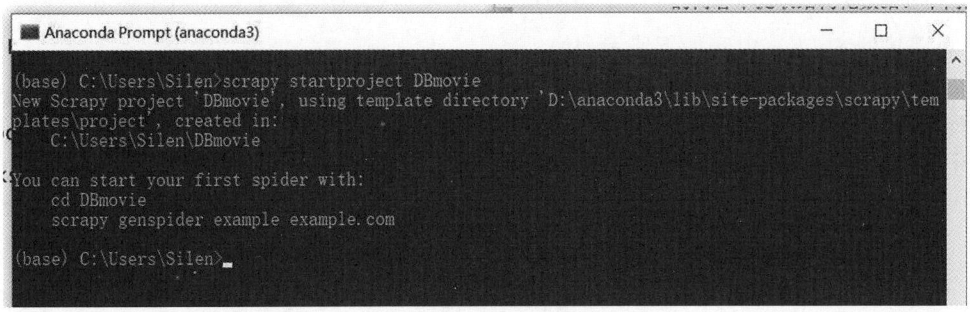

图 9.13　生成 Scrapy 项目文件 DBmovie

这个命令可以在任意文件夹执行，如果提示权限问题，可以加 sudo 执行该命令。使用这个命令将会创建名为 DBmovie 的文件夹,文件夹结构如图 9.14 所示。

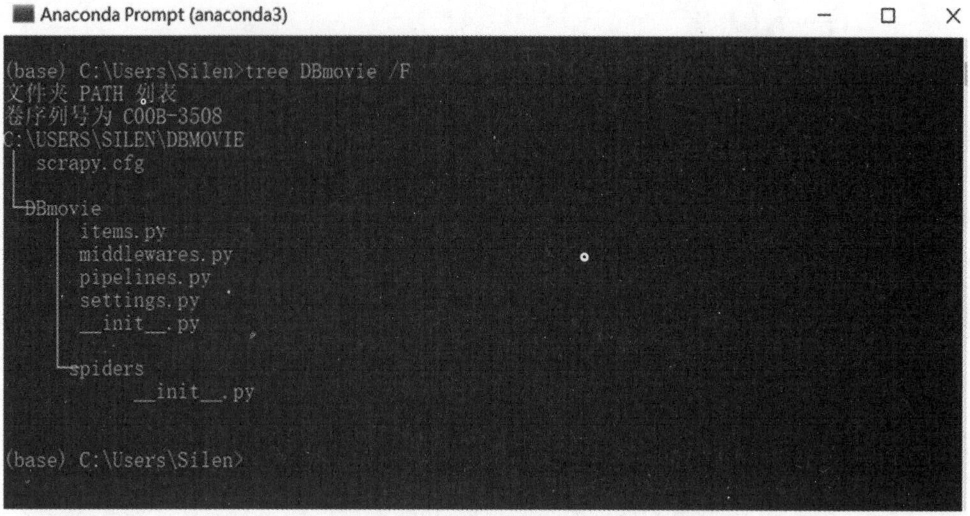

图 9.14　DBmovie 文件夹结构

图 9.14 中:

scrapy. cfg —— Scrapy 部署时的配置文件。

DBmovie —— 项目的模块,需要从这里引入。

items. py —— Items 的定义,定义爬取的数据结构。

middlewares. py —— Middlewares 的定义,定义爬取时的中间件。

pipelines. py —— Pipelines 的定义,定义数据管道。

settings. py—— 包含项目的设置信息。

spiders—— 放置 Spiders 的文件夹。

2. 创建 Spider

Spider 是自己定义的类,Scrapy 用它来从网页里抓取内容,并解析抓取的结果,需要继承 scrapy. Spider 类。创建 Spider 类可以执行如下命令:

```
cd DBmovie
scrapy genspider Topmovie http://movie.douban.com/top250
```

进入刚才创建的 DBmovie 文件夹,然后执行 genspider 命令。第一个参数是 Spider 名称,第二个参数是网站域名。执行完毕之后,spiders 文件夹中多了一个 Topmovie. py,它就是刚刚创建的 Spider,内容如下所示:

```
import scrapy
classTopmovieSpider(scrapy.Spider):
    name ="Topmovie"
    allowed_domains=['movie.douban.com']
    start_urls=['http://movie.douban.com/top250']
    def parse(self, response):
        pass
```

name、allowed_domains 和 start_urls 是类的属性,parse 是函数。

name 是每个项目唯一的名字,用来区分不同的 Spider。

allowed_domains 是允许爬取的域名,如果初始或后续的请求链接不是这个域名下的,则请求链接会被过滤掉。

start_urls 包含了 Spider 在启动时爬取的 url 列表,初始请求由它来定义。

parse(self, response)是 Spider 的一个函数,被调用时 start_urls 里面的链接构成的请求完成下载执行后,返回的响应就会作为唯一的参数传递给该函数,该函数负责解析返回的响应、提取数据或者进一步生成要处理的请求。

由于每次爬取成功之后,都会调用 parse()函数,用于编写提取逻辑,因此可以在编写该函数之前在 Scrapy Shell 中提取逻辑,包括提取电影名称、电影评分、电影导演及演员等信息。

Topmovie 文件代码如图 9.15 所示。

```
import scrapy
from DBmovie.items import DoubanItem

class TopmovieSpider(scrapy.Spider):
    name = 'Topmovie'
    allowed_domains = ['movie.douban.com/top250']
    list=[]
    for page in range(0,226,25):
        url='start='+str(page)+'&filter='
        start_urls='https://movie.douban.com/top250?'+url
        list.append(start_urls)
    start_urls = list

    def parse(self, response):
        item=DoubanItem()
        movies=response.xpath('//div[@class="info"]')
        for movie in movies:
            item['movie_name']=movie.xpath('./div/a/span[1]/text()')[0].extract()
            item['score']=movie.xpath('./div/div/span[2]/text()')[0].extract()
            item['director']=movie.xpath('./div/p/text()')[0].extract().strip()
            yield item
```

图 9.15　Topmovie 文件代码

3. 创建 Item

Item 是一个简单的容器,用于保存爬取到的数据信息,使用方法和字典类似。不过,相比字典,Item 多了额外的保护机制,可以避免拼写错误或者定义字段错误。创建 Item 需要继承 scrapy.Item 类,并且定义类型为 scrapy.Field 字段。

定义 Item,此时将 items.py 修改如下:

```
import scrapy
class DbmovieItem(scrapy.Item):
    movie_name = scrapy.Field()
    score = scrapy.Field()
    director = scrapy.Field()
```

items 文件代码如图 9.16 所示。

```
import scrapy

class DoubanItem(scrapy.Item):
    # define the fields for your item here like:
    # name = scrapy.Field()


    # 电影名称
    movie_name = scrapy.Field()
    # 评分
    score = scrapy.Field()
    # 电影导演
    director = scrapy.Field()
```

图 9.16　items 文件代码

4. 解析 Response

parse( ) 函数的参数 Response 是 start_urls 里面的链接爬取后的结果,所以在 parse( ) 函数中,可以直接对 Response 变量包含的内容进行解析,比如浏览请求结果的网页源代码,或者进一步分析源代码内容,或者找出结果中的链接而得到下一个请求。

首先看看网页结构,如图 9.17 所示。每一页都有多个 class 为 info 的区块,每个区块内都包含电影名称、电影评分、电影导演及演员等相关信息,可先找出所有的 info,然后提取内容。

```
▼<div class="info"> == $0
  ▼<div class="hd">
    ▼<a href="https://movie.douban.com/subject/1292052/" class>
        <span class="title">肖申克的救赎</span>
        <span class="title"> / The Shawshank Redemption</span>
        <span class="other"> / 月黑高飞(港)  /  刺激1995(台)</span>
      </a>
      <span class="playable">[可播放]</span>
    </div>
  ▼<div class="bd">
    ▼<p class>
        "
                                导演: 弗兰克·德拉邦特 Frank Darabont   主
        演: 蒂姆·罗宾斯 Tim Robbins /..."
        <br>
        "
                            1994 / 美国 / 犯罪 剧情
                                    "
      </p>
    ▼<div class="star">
        <span class="rating5-t"></span>
        <span class="rating_num" property="v:average">9.7</span>
        <span property="v:best" content="10.0"></span>
        <span>2618897人评价</span>
      </div>
    ▼<p class="quote">
        <span class="inq">希望让人自由。</span>
      </p>
    </div>
  </div>
</div>
```

图 9.17　爬取页面代码

提取的方式可以使用 XPath 选择器进行选择，parse( )函数的改写如下所示：

```python
def parse(self, response):
    item=DoubanItem()
    movies=response.xpath('//div[@ class="info"]')
    for movie in movies:
        movie_name=movie.xpath('./div/a/span[1]/text()')[0].extract()
        score=movie.xpath('./div/div/span[2]/text()')[0].extract()
        director=movie.xpath('./div/p/text()')[0].extract().strip()
```

5. 使用 Item

Item 创建完成后，接下来就要使用它了。Item 可以理解为字典，不过在声明的时候需要实例化。然后依次用刚才解析的结果赋值 Item 的每一个字段，最后将 Item 返回即可。

TopmovieSpider 改写如下所示：

```python
import scrapy
from DBmovie.items import DoubanItem


class TopmovieSpider(scrapy.Spider):
    name='Topmovie'
    allowed_domains=['movie.douban.com/top250']
    list=[]
    for page in range(0,226,25):
        url='start='+str(page)+'&filter='
        start_urls='https://movie.douban.com/top250? '+url
        list.append(start_urls)
    start_urls=list

    def parse(self, response):
        item=DoubanItem()
        movies=response.xpath('//div[@ class="info"]')
        for movie in movies:
            item['movie_name']=movie.xpath('./div/a/span[1]/text()')[0].extract()
            item['score']=movie.xpath('./div/div/span[2]/text()')[0].extract()
            item['director']=movie.xpath('./div/p/text()')[0].extract().strip()
            yield item
```

6. 保存数据

Scrapy 可以将爬取的内容导出为 CSV、JSON 等格式文件，打开 settings. py 文件，并且添加以下信息，将文件导出为 CSV 文件，如图 9.18 所示。

```python
#导出为 CSV 文件
FEED_FORMAT ="csv"
FEED_URI ="douban.csv"
```

FEED_FORMAT 定义输出文件的格式，FEED_URI 为输出文件的路径。

7. 执行

进入目录后，执行如下命令：

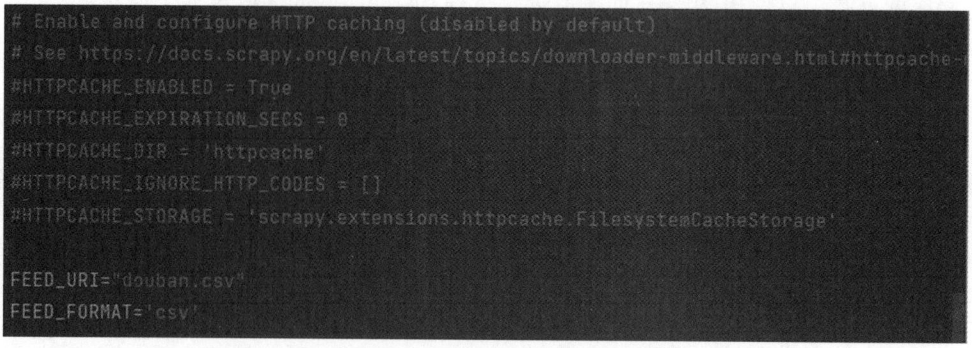

图 9.18　数据导出为 CSV 文件

```
scrapy crawl quotes
```

Scrapy 执行结果如图 9.19 所示。

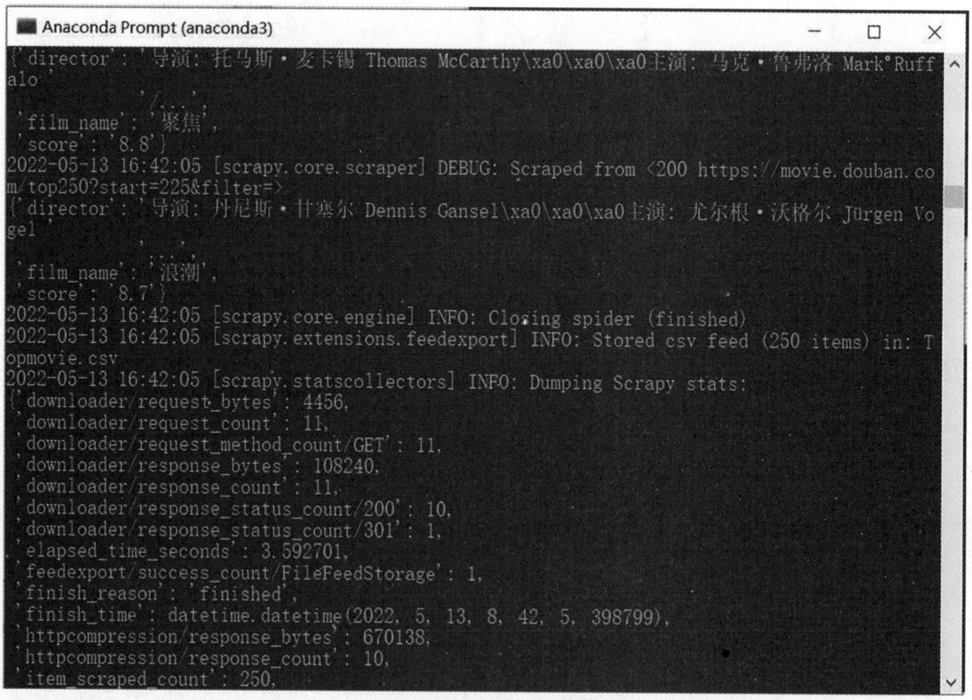

图 9.19　爬虫执行结果

DBmovie 文件夹中输出 douban. csv 文件，内容如图 9.20 所示。

至此，已经成功地创建了一个系统，可以爬取网页内容，从中提取目标信息，并且保存为结构化格式。

课程思政

娱乐虽能放松人的身心，陶冶人的情操，但无论做什么事都要有个度，真理向前再进一步，就有可能成为谬论，所以古人说过犹不及。

	A	B	C	D	E	F	G	H	I	J
1	movie_name	score	director							
2	肖申克的救赎	9.7	导演：弗兰克·德拉邦特 Frank Darabont　　主演：蒂姆·罗宾斯 Tim Robbins /...							
3	霸王别姬	9.6	导演：陈凯歌 Kaige Chen　　主演：张国荣 Leslie Cheung / 张丰毅 Fengyi Zha...							
4	阿甘正传	9.5	导演：罗伯特·泽米吉斯 Robert Zemeckis　　主演：汤姆·汉克斯 Tom Hanks / ...							
5	泰坦尼克号	9.4	导演：詹姆斯·卡梅隆 James Cameron　　主演：莱昂纳多·迪卡普里奥 Leonardo...							
6	这个杀手不太冷	9.4	导演：吕克·贝松 Luc Besson　　主演：让·雷诺 Jean Reno / 娜塔莉·波特曼 ...							
7	美丽人生	9.6	导演：罗伯托·贝尼尼 Roberto Benigni　　主演：罗伯托·贝尼尼 Roberto Beni...							
8	千与千寻	9.4	导演：宫崎骏 Hayao Miyazaki　　主演：柊瑠美 Rumi Hîragi / 入野自由 Miy...							
9	辛德勒的名单	9.6	导演：史蒂文·斯皮尔伯格 Steven Spielberg　　主演：连姆·尼森 Liam Neeson...							
10	盗梦空间	9.4	导演：克里斯托弗·诺兰 Christopher Nolan　　主演：莱昂纳多·迪卡普里奥 Le...							
11	忠犬八公的故事	9.4	导演：莱塞·霍尔斯道姆 Lasse Hallström　　主演：理查·基尔 Richard Ger...							
12	星际穿越	9.4	导演：克里斯托弗·诺兰 Christopher Nolan　　主演：马修·麦康纳 Matthew Mc...							
13	楚门的世界	9.3	导演：彼得·威尔 Peter Weir　　主演：金·凯瑞 Jim Carrey / 劳拉·琳妮 Lau...							
14	海上钢琴师	9.3	导演：朱塞佩·托纳多雷 Giuseppe Tornatore　　主演：蒂姆·罗斯 Tim Roth / ...							
15	三傻大闹宝莱坞	9.2	导演：拉库马·希拉尼 Rajkumar Hirani　　主演：阿米尔·汗 Aamir Khan / 卡...							
16	机器人总动员	9.3	导演：安德鲁·斯坦顿 Andrew Stanton　　主演：本·贝尔特 Ben Burtt / 艾丽...							
17	放牛班的春天	9.3	导演：克里斯托夫·巴拉蒂 Christophe Barratier　　主演：让-巴蒂斯特·莫尼...							
18	无间道	9.3	导演：刘伟强 / 麦兆辉　　主演：刘德华 / 梁朝伟 / 黄秋生							
19	疯狂动物城	9.2	导演：拜伦·霍华德 Byron Howard / 瑞奇·摩尔 Rich Moore　　主演：金妮弗·...							
20	大话西游之大圣娶亲	9.2	导演：刘镇伟 Jeffrey Lau　　主演：周星驰 Stephen Chow / 吴孟达 Man Tat Ng...							
21	熔炉	9.3	导演：黄东赫 Dong-hyuk Hwang　　主演：孔侑 Yoo Gong / 郑有美 Yu-mi Jung /...							
22	控方证人	9.6	导演：比利·怀尔德 Billy Wilder　　主演：泰隆·鲍华 Tyrone Power / 玛琳·...							
23	龙猫	9.2	导演：宫崎骏 Hayao Miyazaki　　主演：日高法子 Noriko Hidaka / 坂本千夏 Ch...							
24	末代皇帝	9.3	导演：贝纳尔多·贝托鲁奇 Bernardo Bertolucci　　主演：尊龙 John Lone / 陈...							
25	寻梦环游记	9.1	导演：李·昂克里奇 Lee Unkrich / 阿德里安·莫利纳 Adrian Molina　　主演：...							
26	蝙蝠侠：黑暗骑士	9.2	导演：克里斯托弗·诺兰 Christopher Nolan　　主演：克里斯蒂安·贝尔 Christ...							
27	活着	9.3	导演：张艺谋 Yimou Zhang　　主演：葛优 You Ge / 巩俐 Li Gong / 姜武 Wu Jiang							

图 9.20　导出的 CSV 文件

本章小结

本章详细介绍了使用 requests 和 BeautifulSoup 两个库及 Scrapy 框架实现网络爬虫，并讲述了如何处理 HTTP 协议以及解析网页 HTML 和 XML 页面信息的方法。

习题 9

一、编程题

1. 采用 requests 和 BeautifulSoup4 函数库实现获取中国大学排名的功能。

2. 新冠肺炎疫情暴发对全国造成重大影响，各行各业因为疫情皆受到不小的波及。编写一个 Python 程序爬取疫情数据并保存为 Excel 文件。

第 10 章

科学计算库 NumPy

　　大数据技术掀起了计算机领域的新浪潮,数据分析、数据挖掘、机器学习、人工智能等都离不开数据。在大数据的环境下,如何从数据里面发现并挖掘有价值的信息变得愈发重要。Python 凭借着自身无可比拟的优势,被广泛地应用到数据科学领域。

　　Python 拥有着高质量的第三方模块,如 NumPy、Pandas、Matplotlib 等。其中 NumPy 是高性能科学计算和数据分析的基础模块,具有开源、强大的特点,掌握 NumPy 的功能及其用法,有助于后续其他数据分析工具的学习。

10.1　NumPy 数组对象 ndarray

　　NumPy 提供了一个重要的数据结构——N 维数组对象,即 ndarray 对象,它可以存储类型相同、以多种形式组织的数据。它的用法和列表很相似,使用列表的地方都可以用 NumPy 数组来代替。但 NumPy 数组可以处理结构更复杂的数据,且比列表快数十至上百倍。

　　NumPy 数组具有矢量运算能力和复杂的广播能力,无须循环即可对数组进行快速运算。此外,针对数组运算,NumPy 也提供了大量的数学函数库。

　　使用 NumPy 之前需要进行安装,可以采用 pip 工具安装:

```
pip install numpy | pip3 install numpy
```

使用时需要导入该模块:

```
import numpy as np    #可以设置别名为 np
```

在本章的后续内容中,将使用 np 代替 numpy。

10.1.1　NumPy 数组的创建

　　NumPy 创建数组的方法有多种,可以根据 Python 现有数据类型创建数组,也可以根据指定数值、指定数值范围来创建。

1. 根据现有数据类型创建

　　最简单的创建 ndarray 对象的方式是使用 array()函数,在调用该函数时需要传入一个列表或元组。语法格式如下:

```
np.array(object,dtype=None,ndim=0)
```

参数说明:

object:Python 的列表或元组。

dtype:元素类型(可选参数)。

ndim:生成数组的最小维度。

　　例如,通过 array()函数分别创建一个一维数组和二维数组,具体代码如下:

```
import numpy as np          #导入 NumPy 模块
a1=np.array([1,2,3,4,5])        #创建一个一维数组
print(a1)
```

程序执行结果如下:

```
[1 2 3 4 5]
```

代码如下:

```
a2=np.array([[1,2,3],[4,5,6]])        #创建一个二维数组
print(a2)
```

程序执行结果如下:

```
[[1 2 3]
 [4 5 6]]
```

2. 根据指定数值创建

除了可以使用 array()函数创建 ndarray 对象外,还有其他创建数组的方式,具体如表 10.1 所示。

表 10.1   创建数组常用的函数

函　　数	功　　能
numpy. zeros((m,n))	创建一个 m 行 n 列且元素值都为 0.0 的数组
numpy. ones((m,n))	创建一个 m 行 n 列且元素值都为 1.0 的数组
numpy. empty((m,n))	创建一个 m 行 n 列且元素值都为随机数的数组
numpy. arange(x,y,i)	创建一个由 x 到 y(不包含)且步长为 i 的等差数组
numpy. linspace(x,y,n)	创建一个由 x 到 y 且等分为 n 个元素的等差数组
numpy. random. rand(m,n)	创建一个 m 行 n 列且元素值为随机值的数组

(1)zeros()函数创建值都是 0 的数组。

```
import numpy as np
c1=np.zeros(5)                #创建一维数组 ,值为 0.0
print(c1)
```

程序执行结果如下:

```
[0. 0. 0. 0. 0.]
```

代码如下:

```
c2=np.zeros((2,5))           #创建 2* 5 的二维数组,值为 0.0
print(c2)
```

程序执行结果如下:

```
[[0. 0. 0. 0. 0.]
 [0. 0. 0. 0. 0.]]
```

(2)ones()函数创建值都是 1 的数组。

```
d=np.ones((3,4))
print(d)
```

程序执行结果如下:

```
[[1. 1. 1. 1.]
 [1. 1. 1. 1.]
 [1. 1. 1. 1.]]
```

(3)empty()函数创建数组,只分配内存空间,里面填充的数是随机数。

```
e=np.empty((3,3))    #创建 3* 3 的二维数组
print(e)
```

程序执行结果如下：

```
[[0.000e+000 0.000e+000 0.000e+000]
 [0.000e+000 0.000e+000 6.107e-321]
 [0.000e+000 0.000e+000 0.000e+000]]
```

（4）arange()函数创建一个等差数组，类似于 range()，不过 arange()返回的是数组不是列表。

```
ar_a=np.arange(-2,2,0.5)    #起始,结束(不包含)
ar_b=np.arange(0,10,2)      #起始,结束,步长
ar_c=np.arange(10)
print(ar_a)
print(ar_b)
print(ar_c)
```

程序执行结果分别如下：

```
[-2.  -1.5 -1.  -0.5  0.   0.5  1.   1.5]
[0 2 4 6 8]
[0 1 2 3 4 5 6 7 8 9]
```

> **注意**：在上述例题中，创建的数组元素后面有些会跟着小数点，而有些元素没有，比如 0 和 0.，这种现象是由元素的数据类型不同而导致的。

10.1.2　NumPy 数组的数据类型

NumPy 数组中的每一个元素都具有相同的数据类型，因此一个数组有且仅有一个数据类型，这个数据类型就是数组的 dtype 属性。

NumPy 支持比 Python 更多的数据类型。常用的数据类型如表 10.2 所示。

表 10.2　NumPy 中常用的数据类型

数 据 类 型	含　义
bool	布尔类型，值为 True 或 False
uint8、uint16、uint32、uint64	无符号的 8 位整数、16 位整数、32 位整数、64 位整数
int8、int16、int32、int64	有符号的 8 位整数、16 位整数、32 位整数、64 位整数
float16、float32、float64	半精度浮点数 16 位、单精度浮点数 32 位、双精度浮点数 64 位
complex64	复数，分别用两个 32 位浮点数表示实部和虚部
complex128	复数，分别用两个 64 位浮点数表示实部和虚部
object	Python 对象
string	固定长度的字符串
unicode	固定长度的 unicode 类型，例如，生成一个长度为 5 的 unicode 类型，使用"U5"

1. 查看数据类型

利用 dtype 属性可以查看 ndarray 对象的类型。示例如下：

```
import numpy as np
dt_a=np.array([[1, 2, 3], [4, 5, 6]])
dt_a.dtype
```

程序执行结果如下：

```
dtype('int32')
```

通过 ndarray.dtype 可以创建一个表示数据类型的对象。要想获取数据类型的名字，则需要访问 name 属性进行获取。例如，dt_a.dtype.name 可以获得结果'int32'。

> **注意**：在默认情况下，64 位 Windows 系统整数输出结果为'int32'，64 位 Linux 系统和 Mac OS 系统数据结果为'int64'。如果在创建数组时，没有显式地指明数据的类型，则可以根据列表和元组中的元素类型推出。比如上小节中的 zeros()、ones()、empty() 函数创建的数组类型为'float64'。

在创建 ndarray 对象时，通过设定 dtype 参数值来显式地声明数组元素的类型。示例如下：

```
dt_b=np.array([1,2,3,4],dtype=float)      #创建 float 型的一维数组
print(dt_b)
dt_b.dtype
```

程序执行结果如下：

```
dtype('float64')
```

代码如下：

```
dt_c =  np.zeros((3, 4),dtype=int)    #创建 3* 4 的二维数组,值为 0
print(dt_c)
dt_c.dtype
```

程序执行结果如下：

```
dtype('int32')
```

代码如下：

```
dt_s1=np.array(['NumPy数组','pandas','scipy'])
print(dt_s1)
dt_s1.dtype
```

程序执行结果如下：

```
dtype('< U7')
```

创建一个值类型为 unicode 的 ndarray 对象，且元素最大长度不超过 6。

```
dt_s2=np.array(['NumPy数组', 'pandas', 'scipy'], dtype='< U6')
print(dt_s2)
```

程序执行结果如下：

```
['NumPy数''pandas''scipy']
```

2. 数据类型转换

ndarray 对象的数据类型可以通过 astype() 方法进行转换。示例如下：

```
import numpy as np
at_a=np.array([[1, 2, 3], [4, 5, 6]])
newa=at_a.astype(np.float64) #转换成双精度浮点数
print(newa)
```

程序执行结果如下：

```
[[1. 2. 3.]
 [4. 5. 6.]]
```

若数据的类型由浮点型转为整型，则需要将小数点后面的部分直接截掉。

```
at_b=np.array([1.2, 2.5, 3.6])
newb=at_b.astype(np.int32)          #转换成整数
print(newb)
```

程序执行结果如下：

```
[1 2 3]
```

若数组中的元素是字符串类型的，且字符串中的每个字符都是数字，也可以使用 astype()方法将字符串转换成数值类型。示例如下：

```
at_s=np.array(['1.8', '2.2', '3.5'])
news=at_s.astype(np.float64)
print(news)
```

程序执行结果如下：

```
[1.8 2.2 3.5]
```

> **注意：**(1)将字符串转换为数字时，只有由表达数字含义的字符组成的字符串才能够进行转换；
> (2)将浮点数转换为整数时，小数点后面的部分会直接被删除，而不是四舍五入。

10.1.3 NumPy 数组常用的属性和方法

在 NumPy 数组中，有轴（axes）和秩（rank）。轴类似于行和列，指定编号从 0 开始并依次递增，位于纵向的轴（列）称为 0 轴，位于横向的轴（行）称为 1 轴。轴的个数称为秩，也就是数组的维度，一维数组的秩为 1，二维数组的秩为 2。

1. ndarray 对象的常用属性

创建一个简单的数组后，就可以通过查看属性值来了解 ndarray 对象的基本属性。ndarray 对象中定义了一些重要的属性，如表 10.3 所示。

表 10.3　NumPy 数组常用的属性

属　　性	功　　能
ndarray.ndim	秩，即轴的数量或维度的数量。若输出结果为 2，表示二维数组
ndarray.shape	各维度的大小，值为一个整数的元组，表示每个维度上的大小，对于矩阵，表示 n 行 m 列

续表

属　　性	功　　能
ndarray.dtype	数组元素的数据类型
ndarray.size	数组元素的总个数
ndarray.itemsize	ndarray 对象中每个元素的字节大小

NumPy 数组常用属性的示例如下：

```
import numpy as np
a1=np.array([[1,2,3],[4,5,6]])
a1.ndim         #数组维度
a1.shape        #数组的形状
a1.size         #数组元素的总个数
a1.itemsize     #每个元素的大小
```

程序执行结果分别如下：

```
2
(2, 3)
6
4
```

由上可知，数组有 2 个轴，第一个轴的长度为 2，第二个轴的长度为 3，所生成的数组元素总个数为 6，每个元素占 4 字节空间。

2. NumPy 数组常用的方法

NumPy 数组常用的方法如表 10.4 所示。

表 10.4　NumPy 数组常用的方法

名　　称	说　　明
ndarray.reshape(n,m)	不改变数组 ndarray，返回一个形状为(n,m)的数组
ndarray.resize(new_shape)	与 reshape()功能相同，直接改变数组本身
ndarray.ravel()	对数组进行降维，返回数组的一个视图
ndarray.swapaxes(axis1，axis2)	将数组的任意两个维度进行调换
ndarray.transpose()	不改变数组 ndarray，返回置换后的数组

表 10.4 中的方法都会改变数组的形状，其中 resize()会修改原始数组，示例如下：

```
a2=np.arange(16)       #创建一个 0~15 的等差数组
a3=a2.reshape((4,4))   #利用 reshape()方法创建一个 4*4 的新数组
```

a2 和 a3 分别如下所示：

```
array([[ 0,  1,  2,  3],
       [ 4,  5,  6,  7],
       [ 8,  9, 10, 11],
       [12, 13, 14, 15]])
array([ 0,  1,  2,  3,  4,  5,  6,  7,  8,  9, 10, 11, 12, 13, 14, 15])
```

10.2 数组的访问和修改

数组对象创建后,可以使用索引和切片的方式来访问,与 Python 列表的功能相差不大,但还提供了整数索引、花式索引和布尔索引,通过这些索引可以访问数组的单个、多个或一行元素。

10.2.1 使用整数索引和切片访问元素

使用整数索引访问数组,以获取该数组中的单个元素或一行元素。

1.一维数组的访问

一维数组访问元素的方式与列表访问元素的方式相似,它会根据指定的整数索引获取相应位置的元素。

示例如下:

```
import numpy as np
arr1=np.arange(8)       #创建一个一维数组
print(arr1)
```

程序执行结果如下:

```
[0 1 2 3 4 5 6 7]
```

通过整数索引获取相应位置的元素。

```
arr1[5]                 #获取索引为 5 的元素
```

程序执行结果如下:

```
5
```

使用切片获取相应位置的元素。

```
print(arr1[3:5])        #获取索引为 3~ 5 的元素,但不包括 5
```

程序执行结果如下:

```
[3 4]
```

代码如下:

```
print(arr1[1:6:2] )     #获取索引为 1~ 6 的元素,步长为 2
```

程序执行结果如下:

```
[1 3 5]
```

若切片的冒号前后有省略,则省略的参数代表索引为数组开头或结尾。

```
print(arr1[:5])
print(arr1[5:])
```

程序执行结果分别如下:

```
[0 1 2 3 4]
[5 6 7]
```

2.二维数组的访问

对于多维数组来说,索引和切片的使用方式与列表就大不一样了。在二维数组中,每个索引位置上的元素不再是一个标量了,而是一个一维数组。当使用整数索引访问二维数组时,二维数组会根据索引获取相应位置的一行元素,并将该行元素以一维数组的形式进行返回。

比如二维数组的索引方式如下：

```
arr2=np.array([[1, 2, 3],[4, 5, 6],[7, 8, 9]]) #创建二维数组
```

该数组如下所示：

```
array([[1, 2, 3],
       [4, 5, 6],
       [7, 8, 9]])
```

arr2[1] 为获取索引为 1（第二行）的元素，而该元素是一个一维数组，所以得到的是一组元素。所以得到结果如下：

```
array([4, 5, 6])
```

arr2[:2]为获取索引为 2（不包含）的元素，得到索引位置为 0、1 的两组元素。所以得到结果如下：

```
array([[1, 2, 3],
       [4, 5, 6]])
```

如果想获取二维数组的单个元素，则需要通过以逗号分隔的索引形式来实现。语法如下：

```
nd_arr [x,y]
```

参数说明：x 为行索引（行号）；y 为列索引（列号）。

若想获取上例中的第一行第二列的元素 2，该元素的行索引、列索引编号分别为 0、1，所以通过 arr2[0，1] 可以获取该元素。

多维数组的切片是沿着行或列的方向选取元素的，可以传入一个切片，也可以传入多个切片，还可以将切片与整数索引混合使用。

使用两个切片示例：

```
arr2[0:2, 0:2]    #获取行索引编号 0、1 中且列索引编号 0、1 的元素
```

程序执行结果如下：

```
array([[1, 2],
       [4, 5]])
```

切片与整数索引混合使用的示例：

```
arr2[1, :2]    #获取行索引编号 1 中的 0、1 列的元素
```

程序执行结果如下：

```
array([4, 5])
```

10.2.2 花式（数组）索引

花式索引是指用整数数组或列表进行索引，然后再将数组或列表中的每个元素作为下标进行取值。

当使用花式索引访问一维数组时，会将花式索引对应的数组或列表的元素作为索引，再依次根据各个索引获取对应位置的元素，最后将这些元素以数组的形式进行返回。语法如下：

```
nd_arr [list]
```

参数说明：

list：传入的一组下标元素（索引）列表。

```
arr3=np.arange(10,19)
```

上述代码创建了以下形式的数组：

```
array([10, 11, 12, 13, 14, 15, 16, 17, 18])
```

通过传入列表来访问目标数组中的多个元素，示例如下：

```
arr3[[1,3,5]]    #获取索引编号分别为 1、3、5 的数组元素
```

程序执行结果如下：

```
array([11, 13, 15])
```

上例中参数为索引值[1,3,5]，得到 1、3、5 下标位置的元素并以数组的形式返回。

如果要操作的对象是一个二维数组，则获取的结果就是对应下标的一行数据。当使用花式索引访问二维数组时，会将花式索引对应的数组或列表的元素作为索引，依次根据各个索引获取对应位置的一行元素，并将这些行元素以数组的形式进行返回。

将 arr3 转换成 3 行 3 列的二维数组。示例如下：

```
arr4=arr3.reshape(3,3)    #利用 reshape 创建 3* 3 的数组
```

上述代码创建了以下形式的数组：

```
array([[10, 11, 12],
       [13, 14, 15],
       [16, 17, 18]])
```

代码如下：

```
arr4[[0, 1]]
```

获取索引为 0、1 的元素，由于对象是二维数组，则获取的结果就是对应下标的一行数据。程序执行结果如下：

```
array([[10, 11, 12],
       [13, 14, 15]])
```

若写成整数索引 arr4[0,1]，则得到行索引下标为 0 且列索引下标为 1 的单个元素，值为 11。

如果用两个花式索引操作数组，则会将第 1 个作为行索引，第 2 个作为列索引，以二维数组索引的方式选取其对应位置的元素。例如：

```
arr4[[0, 1],[1,2]]
```

先获取索引为(0,1)和(1,2)的元素，即 0 行 1 列，1 行 2 列。程序执行结果如下：

```
array([11, 15])
```

10.2.3 布尔型索引

布尔型索引，可以按照一定的条件来访问数组的指定元素。将一个布尔数组作为数组索引，返回的数据是布尔数组中 True 对应位置的值。

```
arr5=np.arange(16).reshape((4,4))
index_arr=[True,False,False,True]
```

建立了如下所示的二维数组。

```
array([[ 0,  1,  2,  3],
       [ 4,  5,  6,  7],
       [ 8,  9, 10, 11],
       [12, 13, 14, 15]])
```

若使用 index_arr 数组的值作为索引值,即

```
arr5[index_arr]
```

索引为 True 时对应位置的元素,即第一行和第四行。程序执行结果如下:

```
array([[ 0,  1,  2,  3],
       [12, 13, 14, 15]])
```

若索引值为一个条件表达式,通过布尔运算来获取符合条件的值:

```
arr5[arr5 % 2==0]
```

则得到 arr5 中所有的偶数元素。程序执行结果如下:

```
array([ 0,  2,  4,  6,  8, 10, 12, 14])
```

注意:布尔数组的长度必须和被索引的轴长度一致。

10.2.4　数组元素的修改

数组的索引或切片只是原数组的视图,而不是创建出了新的数组,它指向原数组的内存地址数,所有修改都会直接反映到原数组。例如:

```
arr6=np.arange(12).reshape(3,4)
arr6
```

程序执行结果如下:

```
array([[ 0,  1,  2,  3],
       [ 4,  5,  6,  7],
       [ 8,  9, 10, 11]])
```

代码如下:

```
arr6[:,[0,2]]=arr6[:,[0,2]]* 10
```

程序执行结果如下:

```
array([[ 0,  1, 20,  3],
       [40,  5, 60,  7],
       [80,  9, 100, 11]])
```

10.3　数组的运算

NumPy 数组不需要循环遍历,就可对形状相同的数组中的每个元素执行批量的算术运算操作,这个过程称为矢量化运算。对形状不同的数组进行算术运算时会出现广播机制。数组还可以使用算术运算符与标量进行运算。

10.3.1　矢量化运算

形状相同的数组之间的任何算术运算都会应用到元素级,即只用于数组与数组之间相对应的元素,所得的运算结果会组成一个新的数组。

创建两个 NumPy 数组,并完成加减乘除运算。示例如下:

```
import numpy as np
x1=np.array([12, 9, 13, 15])
y1=np.array([11, 10, 4, 8])
```

执行数组的四则运算,分别如下:

```
x1+y1
x1-y1
x1* y1
x1/y1
```

程序执行结果分别如下:

```
array([23, 19, 17, 23])
array([ 1, -1,  9,  7])
array([132,  90,  52, 120])
array([1.09090909, 0.9      , 3.25      , 1.875     ])
```

执行数组的比较运算:

```
x1< y1
```

程序执行结果如下:

```
array([False,  True, False, False])
```

10.3.2 广播机制

当形状不相同的数组执行算术计算的时候,就会出现广播机制,该机制会对形状较小的数组进行扩展,使数组的 shape 属性值一样,进而变成执行形状相同的数组间运算,这样就可以进行矢量化运算了。

示例如下:创建两个 NumPy 数组,并完成加运算。

```
x2=np.array([[1], [2], [3]])
y2=np.array([4, 5, 6,7])
```

x2. shape 和 y2. shape 的值分别为(3,1) 和 (4,)。若执行 x2+y2,结果如下所示:

```
array([[ 5,  6,  7,  8],
       [ 6,  7,  8,  9],
       [ 7,  8,  9, 10]])
```

对两个数组进行扩展,均变成(3,4),扩展过程如图 10.1 所示。

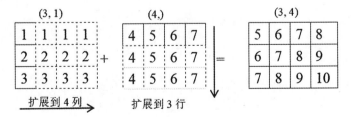

图 10.1 广播机制扩展过程

广播机制需要满足如下任意一个条件即可:

(1)两个数组的某一维度等长。

(2)其中一个数组为一维数组。

　　广播机制需要扩展维度小的数组,使得它与维度最大的数组的 shape 值相同,以便使用元素级函数或者运算符进行运算。

　　当输入数组的某个维度的长度为 1 时,沿着此维度运算时都用此维度上的第一组值。

10.3.3　数组与标量运算

　　数组与标量执行算术运算时也会将标量应用到各元素,以方便各元素与标量直接进行相加、相减、相乘、相除等基础操作。

　　标量运算会产生一个与数组具有相同行和列的新矩阵,其原始矩阵的每个元素都被相加、相减、相乘或者相除。示例如下:

```python
data1=np.array([[1, 2, 3], [4, 5, 6]])
data2=100
newdata1=data1 +data2
newdata1
```

程序执行结果如下:

```
array([[101, 102, 103],
       [104, 105, 106]])
```

代码如下:

```python
newdata2=data1-data2
newdata2
```

程序执行结果如下:

```
array([[-99, -98, -97],
       [-96, -95, -94]])
```

代码如下:

```python
newdata3=data1 *  data2
newdata3
```

程序执行结果如下:

```
array([[100, 200, 300],
       [400, 500, 600]])
```

代码如下:

```python
newdata4=data1 / data2
newdata4
```

程序执行结果如下:

```
array([[0.01, 0.02, 0.03],
       [0.04, 0.05, 0.06]])
```

10.4　NumPy 通用函数

　　NumPy 提供了很多常见的数学函数,这些函数称为通用函数(ufunc),是可以针对 ndarray 中的数据执行元素级运算的函数,函数返回的是一个新的数组。

将 ufunc 中接收一个数组参数的函数称为一元通用函数,接收两个数组参数的则称为二元通用函数。

1. 一元通用函数

常见的一元通用函数如表 10.5 所示。

表 10.5　常见的一元通用函数

函　　　数	功　　　能
np. abs(ndarray)、np. fabs(ndarray)	整数、浮点数或复数的绝对值
np. sqrt(ndarray)、np. square(ndarray)	计算各元素的平方根、平方
np. exp(ndarray)	计算各元素的指数 ex
np. log(ndarray)、np. log10(ndarray)、np. log2(ndarray)	自然对数,底数分别为 e、10、2 的 log
np. sign(ndarray)	计算各元素的正负号,正数用 1 表示,负数用 −1 表示,零用 0 表示
np. ceil(ndarray)、np. floor(ndarray)	将各元素向上取整、向下取整
np. modf(ndarray)	将数组的小数和整数部分以独立的两个数组返回
np. reciprocal(ndarray)	返回各元素的倒数
np. isnan(ndarray)	返回一个表示是否有缺失值的布尔型数组
np. isfinite(ndarray)	返回一个表示哪些数是有穷的布尔型数组
np. isinf(ndarray)	返回一个表示哪些数是无穷的布尔型数组
np. sin(ndarray) 、np. sinh(ndarray)、np. cos(ndarray)、np. cosh(ndarray) 、np. tan(ndarray) 、np. tanh(ndarray)	普通型和双曲型三角函数

一元通用函数示例:

```
import numpy as np
arr=np.array([1,2,2.2,-3.6]
print (np.abs(arr))          #求绝对值
print(np.square(arr))        #求各元素的平方值
print(np.sign(arr))          #计算各元素的正负号
print (np.floor(arr))        #向下取整
print (np.ceil(arr))         #向上取整
print (np.reciprocal(arr))   #求倒数
```

程序执行结果分别如下:

```
[1.  2.  2.2 3.6]
[1.   4.   4.84 12.96 ]
[ 1.  1.  1. -1.]
[1.  2.  2. -4.]
[1.  2.  3. -3.]
[1.        0.5       0.45454545 -0.27777778]
```

2. 二元通用函数

常见的二元通用函数如表 10.6 所示。

表 10.6   常见的二元通用函数

函　　数	功　　能
np. around(ndarray,decimals)	将数组中的各元素四舍五入。decimals：舍入的小数位数，默认值为 0。如果为负，整数将四舍五入到小数点左侧的位置
np. add(x1，x2[,y])	将数组中的对应元素相加,y＝x1＋x2
np. subtract(x1，x2[,y])	将数组中的对应元素相减,y＝x1－x2
np. multiply(x1，x2[,y])	数组元素相乘,y＝x1＊x2
np. divide(x1，x2[,y])	两个数组元素相除,y＝x1/x2
np. floor_divide(x1，x2[,y])	向下整除(舍去余数),y＝x1//x2
np. negative(x [,y])	相反数,y＝－x
np. mod(x1，x2[,y])	计算输入数组中相应元素相除后的余数,y＝x1 ％ x2
np. power(x1，x2[,y])	将第一个输入数组中的元素作为底数,计算它与第二个输入数组中相应元素的幂,y＝x1＊＊x2

表 10.6 中的参数 y 为可选参数,若指定了 y,结果将被保存到 y 中,没有则结果被保存到一个创建的数组中,并且数组必须具有相同的形状或符合数组广播规则。

建立数组,并使用上述函数进行处理。示例如下:

```
arr2=np.array([1, 13.5, 2.2, 33.6, -33.6])
print (np.around(arr2))
print (np.around(arr2,decimals =  1))
print (np.around(arr2,decimals =-1))
```

程序执行结果分别如下:

```
[  1.  14.   2.  34. -34.]
[  1.  13.5  2.2 33.6 -33.6]
[  0.  10.   0.  30. -30.]
```

代码如下:

```
arr_x=np.array([12, 9, 13, 15])
arr_y=np.array([11, 10, 4, 8])
np.add(arr_x, arr_y)              #两个数组元素级的和
np.multiply(arr_x, arr_y)        #计算两个数组的乘积
np.maximum(arr_x,arr_y)          #两个数组元素级最大值的比较
np.mod(arr_x,arr_y)              #两个数组元素级相除后的余数
```

程序执行结果分别如下:

```
array([23, 19, 17, 23])
array([132,  90,  52, 120])
array([12, 10, 13, 15])
array([1, 9, 1, 7],dtype=int32)
```

若有 np. add(arr_x, arr_y,arr_x) 表示 arr_x＝arr_x＋arr_y,等价于 arr_x＝np. add (arr_x,arr_y)。

10.5 利用 NumPy 数组进行数据处理

NumPy 数组可以在处理数据时使用简洁的表达式代替循环,它比内置的 Python 循环快了至少一个数量级,因此是数据处理的首选。

10.5.1 排序函数

如果要对 NumPy 数组中的元素进行排序,可以通过 sort()方法实现。数组的元素默认会按照从小到大的顺序排列,sort() 函数返回输入数组的排序副本。

如果希望对任何一个轴上的元素进行排序,则需要将轴的编号作为 sort()方法的参数传入。语法格式如下:

```
np.sort(a, axis)
```

参数说明:

a:要排序的数组。

axis:轴的编号,axis＝0 按列排序,axis＝1 按行排序,axis＝None 原数组转换成一维进行排序。若无,则以最后一个轴为基准排序。

使用 sort() ,不指定 axis 参数,示例如下:

```
import numpy as np
st_arr=np.array([[6, 2, 7],
                 [3, 6, 2],
                 [4, 3, 2]])
print(np.sort(st_arr))
```

上例中,axis 没有参数,则默认以最后一个轴进行排序,即以行中的数据进行从小到大排列,和 np. sort(st_arr,1) 结果相同。

程序执行结果如下:

```
[[2 6 7]
 [2 3 6]
 [2 3 4]]
```

沿着编号为 0 的轴对元素排序。示例如下:

```
print(np.sort(st_arr,axis=0))
```

程序执行结果如下:

```
[[3 2 2]
 [4 3 2]
 [6 6 7]]
```

若 np. sort(arr,−2) ,倒数第二个轴就是 0 轴,结果等价于 np. sort(arr,0)。

若 axis 值为 None,则返回平坦化的数组。例如:

```
np.sort(st_arr,axis=None)
```

程序执行结果如下:

```
array([2, 2, 2, 3, 3, 4, 6, 6, 7])
```

10.5.2 条件刷选函数

NumPy 的 where()函数返回输入数组中满足给定条件的元素的索引,参数为条件判断表达式。例如:

```
x=np.array([1,5,7,9,3])
y=np.where(x> 3)      #大于 3 的元素的索引
y
```

程序执行结果如下:

```
(array([1, 2, 3],dtype=int64),)
```

上述得到的是筛选 x 中大于 3 的元素的索引位置,再通过整数索引就可以拿到这些元素。

```
print(x[y])
```

程序执行结果如下:

```
[5 7 9]
```

where()函数还可以当作三元表达式 x if condition else y 的矢量化版本。例如:

```
x=np.array([1, 4, 8])
y=np.array([3, 6, 9])
condition=np.array([True, False, True])
result=np.where(condition,x, y)
print(result)
```

程序执行结果如下:

```
[1 6 8]
```

第一个参数为判断条件,可以是布尔值或布尔数组。当值为 True 时,获取 x 数组中对应位置(第二个参数)的值,否则获取 y 数组中对应位置(第三个参数)的值。

10.5.3 数组统计运算

NumPy 提供了很多统计函数,可以很方便地运用 Python 进行数组的统计汇总,如表10.7 所示。

表 10.7 常用的统计函数

函　　数	描　　述
np. sum()	数组中的全部或某个轴的元素求和
np. amin()、np. amax()	计算数组中的元素沿指定轴的最小值、最大值
np. argmin()、np. argmax()	计算数组中最小值、最大值的索引
np. ptp()	计算数组中元素最大值与最小值的差(最大值−最小值)

续表

函　　数	描　　述
np. percentile()	百分位数是统计中使用的度量,表示小于这个值的观察值的百分比
np. median()	numpy. median() 函数用于计算数组 a 中元素的中位数(中值)
np. mean()	返回数组中元素的算术平均值或某个轴向的元素算术平均值
np. average()	根据在另一个数组中给出的各自的权重计算数组中元素的加权平均值
np. cumsum()、np. cumprod()	所有元素的累计和、累计积

示例:

```
import numpy as np
arr1=np.arange(10)
print(arr1)
```

程序执行结果如下:

```
[0 1 2 3 4 5 6 7 8 9]
```

使用统计函数对数组进行处理,示例如下:

```
print(np.sum(arr1))        #求和
print(np.mean(arr1))       #平均值
print(np.min(arr1))        #最小值
print(np.max(arr1))        #最大值
print(np.argmin(arr1))     #最小值的索引
print(np.argmax(arr1))     #最大值的索引,如果值是布尔值,则第一个 True 值索引
print(np.cumsum(arr1))     #计算元素的累计和
print(np.cumprod(arr1))    #计算元素的累计积
```

程序执行结果如下:

```
45
4.5
0
9
0
9
[ 0  1  3  6 10 15 21 28 36 45]
[0 0 0 0 0 0 0 0 0 0]
```

以上函数都可以指定轴进行运算。将 arr1 转换成 2×5 的数组,指定 axis 参数,代码如下:

```
arr1=arr1.reshape((2,5))
print(arr1)
print(np.sum(arr1,axis=0))    #同一列相加
print(np.sum(arr1,axis=1))    #同一行相加
```

程序执行结果如下:

```
[[0 1 2 3 4]
 [5 6 7 8 9]]
[ 5  7  9 11 13]
[10 35]
```

10.5.4 检索数组元素及唯一化

NumPy 提供了 all()和 any()函数检索数组的元素。

all()函数用于判断整个数组中的元素的值是否全部满足条件,如果满足条件返回 True,否则返回 False。

any()函数用于判断整个数组中的元素至少有一个满足条件就返回 True,否则就返回 False。

```
arr2=np.array([[1, -2, -7], [-3, 6, 2], [-4, 3, 2]])
np.any(arr2> 0)      #arr2 的所有元素是否有一个大于 0
```

结果为 True。

```
np.all(arr2> 0)      #arr2 的所有元素是否都大于 0
```

结果为 False。

元素唯一化操作是数组中比较常见的操作,它主要查找数组的唯一元素。针对一维数组,NumPy 提供了 unique()函数来实现元素唯一化功能,将查找的唯一元素进行排序后返回。

```
arr3=np.array([12, 11, 34, 23, 12, 8, 11])
np.unique(arr3)
```

程序执行结果如下:

```
[ 8 11 12 23 34]
```

in1d()函数用于判断数组中的元素是否在另一个数组中,该函数返回一个布尔型的数组。

```
np.in1d(arr3, [11, 12,13])   #arr3 中的元素是否在[11, 12,13]中
```

程序执行结果如下:

```
array([ True,  True, False, False,  True, False,  True])
```

10.6 随机数 random 模块

与 Python 的 random 模块相比,NumPy 的 random 模块功能更多,它增加了一些可以高效生成多种概率分布的样本值的函数。除此之外,random 模块还包括了可以生成服从多种概率分布随机数的其他函数。

seed()函数可以保证生成的随机数具有可预测性,也就是说产生的随机数相同。当调用 seed()函数时,如果传递给 seed 参数的值相同,则每次生成的随机数都是一样的。当传递的参数值不同或者不传递参数时,则 seed()函数的作用跟 rand()函数相同,即多次生成随机数且每次生成的随机数都不同。

random 函数如表 10.8 所示。

表 10.8　random 函数

函　　数	描　　述
np.random.rand()	生成一个随机数
np.random.rand(m,n)	创建一个 m 行 n 列且元素为随机值的数组
np.random.randint(n,m)	随机生成一个数在 n～m 之间的整数
np.random.seed()	生成随机数的种子
np.random.normal()	产生正态分布的样本值
np.random.beta()	产生 Beta 分布的样本值

示例：

```
print(np.random.rand())          #随机生成一个数
print(np.random.randint(3,6))    #随机生成一个数在 3～6 之间
print(np.random.normal())        #产生正态分布样本值
print(np.random.rand(2, 2))      #随机生成一个二维数组
```

程序执行结果如下：

```
0.030441421966227677
4
0.791498151172162
[[0.01940137 0.26090124]
 [0.59794165 0.46050598]]
```

随机生成一个三维数组，示例如下：

```
print(np.random.rand(2,2,3))
```

程序执行结果如下：

```
[[[0.16729803 0.78102439 0.4005738 ]
  [0.0718219  0.7481859  0.74863561]]


 [[0.22234411 0.29560076 0.50993909]
  [0.49222738 0.39491185 0.48365293]]]
```

使用 seed()函数，示例如下：

```
np.random.seed(1)     #生成随机数的种子
np.random.rand(5)     #随机生成包含 5 个元素的浮点数组
```

程序执行结果如下：

```
array([4.17022005e-01, 7.20324493e-01, 1.14374817e-04, 3.02332573e-01,
       1.46755891e-01])
```

再次调用 seed()函数，并且使用上一次相同的种子：

```
np.random.seed(1)
np.random.rand(5)
```

程序执行结果如下：

```
array([4.17022005e-01, 7.20324493e-01, 1.14374817e-04, 3.02332573e-01,
    1.46755891e-01])
```

10.7　NumPy 线性代数

　　NumPy 提供了相关的函数对数组进行基本的线性代数运算,它在图形信号处理、音频处理中起到重要作用。NumPy 提供了线性代数函数库 linalg,该库包含了线性代数有关的功能,需要导入 numpy. linalg。

　　基本线性代数运算函数如表 10.9 所示。

表 10.9　基本线性代数运算函数

函　　数	描　　述
np. dot(a,b)	两个数组的点积,即元素对应相乘
np. diag()	以一维数组的形式返回方阵的对角线或将一维数组转换为方阵
np. trace()	计算对角线元素和
np. det()	计算方阵的行列式
np. vdot()	两个向量的点积
np. inner()	两个数组的内积
np. matmul()	两个数组的矩阵积
np. determinant()	数组的行列式
np. solve()	求解线性矩阵方程
np. inv()	计算矩阵的乘法逆矩阵

　　建立两个数组完成点积运算:

```
import numpy as np
import numpy.linalg
arr_x=np.array([[1,2],[3,4]])
arr_y=np.array([[11,12],[13,14]])
np.dot(arr_x,arr_y)    #等价于 arr_x.dot(arr_y)
```

　　程序执行结果如下:

```
array([[37, 40],
    [85, 92]])
```

　　numpy.dot() 对于两个一维的数组,计算的是这两个数组对应下标元素的乘积和(数学上称之为内积);对于二维数组,计算的是两个数组的矩阵乘积;对于多维数组,它的通用计算公式,即结果数组中的每个元素都是:数组 a 的最后一维上的所有元素与数组 b 的倒数第二位上的所有元素的乘积和,即 $dot(a, b)[i,j,k,m] = sum(a[i,j,:] * b[k,:,m])$。

　　求矩阵的逆矩阵:

```
inv_a=np.linalg.inv(arr_x)
print(inv_a)
```

程序执行结果如下：

```
[[-2.   1. ]
 [ 1.5 -0.5]]
```

课 程 思 政

"工欲善其事，必先利其器"，选择合适的工具和方法可以在程序设计时带来更高的效率与质量。NumPy 中的数组的存储效率和输入输出性能均远远优于 Python 中等价的基本数据结构，对于同样的数值计算任务，使用 NumPy 要比直接编写 Python 代码便捷得多。

下例创建了一个 10 万个随机整数(1～100)组成的数据，并分别用列表和 NumPy 数组形式保存。

```
import random
import numpy as np
list_a=[random.randint(1,100) for i in range(100000)]
nd_a=np.array(list_a)
```

使用列表 sum()函数求和，并使用 timeit 魔法命令查看耗时：

```
% timeit sum(list_a)
```

程序执行结果如下：

```
654 μs ± 7.57 μs per loop (mean ± std. dev. of 7 runs, 1000 loops each)
```

使用 NumPy 的 sum()函数求和，并使用 timeit 魔法命令查看耗时：

```
% timeit np.sum(nd_a)
```

程序执行结果如下：

```
36.7 μs ± 904 ns per loop (mean ± std. dev. of 7 runs, 10000 loops each)
```

由以上结果可见，实现同样的功能，NumPy 的速度提高了很多倍。

本 章 小 结

本章主要针对科学计算库 NumPy 进行了介绍，包括 ndarray 数组对象的创建及常用属性、索引和切片、数组的运算、NumPy 通用函数、线性代数模块、随机数模块以及使用数组进行数据处理的相关操作。

习 题 10

1. 如果 ndarray.ndim 执行的结果为 2，则表示创建的是_____维数组。

2. 如果两个数组的基础形状(ndarray.shape)不同，则它们进行算术运算时会出现_____机制。

3. 花式索引是 NumPy 的一个术语，是指用整数_____进行索引。

4. 阅读以下程序：

```
import numpy as np
demo_arr=np.empty((4, 4),dtype='int32')
for i in range(4):
    demo_arr[i]=np.arange(i, i +4)
print(demo_arr[[1, 3],[1,2]] )
```

程序执行的结果为 _____ 。

5. 利用 NumPy 创建一个 5×5 的二维数组，数组外围元素均为 1.0，内部元素均为 0.0。

第11章

数据分析与可视化

近年来,数据分析在各个领域越来越重要,随着计算机技术全面地融入社会生活,网络数据得到了爆发性的增长,驱使着人们进入了一个崭新的大数据时代。数据库里面的数据这么多,怎么快速地拿到有价值的数据呢? 数据分析就可以从海量数据中获得潜藏的有价值的信息,帮助企业或个人预测未来的趋势和行为。

11.1　数据分析与可视化概述

数据分析是使用适当的统计分析方法对收集来的大量数据进行分析,从中提取有用信息和形成结论,并加以详细研究和概括总结的过程。数据分析的目的在于,将隐藏在一大批看似杂乱无章的数据信息集中的有用数据提炼出来,以找出所研究对象的内在规律。

pandas 是数据分析最常用的库,它是基于 NumPy 的 Python 库,是专门为了解决数据分析任务而创建的,提供了大量标准数据模型和高效操作的大型数据集,被广泛应用。

数据可视化是指将数据以图形图像的形式表示,并利用数据分析和开发工具发现其中未知信息的处理过程。借助图形化手段,清晰有效地将数据中的各种属性和变量呈现出来,使用户可以从不同的维度观察数据,从而对数据进行更深入的观察和分析。

Python 提供了一些数据可视化工具,例如 Seaborn、Bokeh、Matplotlib 等。一般 Seaborn 专攻于统计可视化,Bokeh 用于交互式绘图库,Matplotlib 用于 Python 2D 绘图库,可以用来绘制各种静态、动态、交互式的图表。本章将对 pandas 和 Matplotlib 进行分析。

11.2　pandas

pandas 不属于 Python 中的标准模块,在使用之前需要安装。

```
pip install pandas | pip3 install pandas
```

pandas 模块的引入如下:

```
import pandas as pd            #导入 pandas 库
```

后续内容将以 pd 来代替 pandas。通常 pandas 会与 NumPy 结合使用,因此还需要导入 NumPy 库。

pandas 有两个主要的数据结构,即 Series 和 DataFrame,其中 Series 是一维的数据结构,DataFrame 是二维的类似表格型的数据结构。

11.2.1　pandas 数据结构——Series 对象

1. Series 对象的创建

Series 表示一维数据,类似于一维数组对象,能够保存任意类型的数据,比如整型、浮点型、字符串等。Series 由索引和值两部分组成,如果在创建时没有明确指定索引,则会使用从 0 开始的非负整数作为索引。结构如图 11.1 所示。

pandas 中的 Series 对象可以使用 Series()函数直接创建,该函数的语法格式如下:

```
pd.Series(data=None, index=None,dtype=None)
```

参数说明:

data:数据,可接收 NumPy 数组、列表、字典等。

index	element
0	**data**
1	data
2	data
3	data
4	data

图 11.1　Series 对象结构图

index:行标签索引,必须是唯一的,若该参数没有接收到数据,默认使用 0～N 的整数索引。

dtype:数据的类型。

以下通过列表来创建一个 Series 对象。

```
import numpy as np
import pandas as pd                              #导入 pandas 库
ser_obj1=pd.Series(['a', 'b', 'c', 'd'])         #创建 Series 类对象
ser_obj1
```

程序执行结果如下:

```
0    a
1    b
2    c
3    d
dtype: object
```

上述代码中,使用构造方法创建了一个 Series 类对象,左边一列为索引,创建时没有指定 index 参数,所以从 0 开始递增编号,右边一列为数据。

也可以在创建 Series 类对象时指定索引。

```
ser_obj2=pd.Series([1, 2, 3, 4, 5], index= ['No1', 'No2', 'No3','No4','No5'])
ser_obj2
```

程序执行结果如下:

```
No1    1
No2    2
No3    3
No4    4
No5    5
dtype: int64
```

上述代码中,创建了一个 Series 类对象并自定义行标签索引。

除了使用列表构建 Series 类对象外,还可以使用字典进行构建。

```
ser_obj3=pd.Series({'name':'小米','role':'teacher'})
ser_obj3
```

程序执行结果如下:

```
name          小米
role    teacher
dtype: object
```

没有指定 index，则默认索引为字典的键。

2. Series 对象的访问与修改

使用 index 和 values 属性可对 Series 类对象中的索引和数据分别进行获取。

```
ser_obj1.index        #获取 ser_obj1 的索引
ser_obj1.values       #获取 ser_obj1 的数据
```

程序执行结果如下：

```
RangeIndex(start=0, stop=4, step=1)
array(['a', 'b', 'c', 'd'],dtype=object)
```

可以直接使用索引来获取数据。以上三种 Series 对象数据访问如下所示：

```
ser_obj1[3]           #获取位置索引 3 对应的数据
ser_obj2['No3']       #获取自定义标签索引 d3 对应的数据
ser_obj3['name']      #获取自定义标签索引 name 对应的数据
```

程序执行结果为：

```
4
3
'小米'
```

要修改 Series 对象中的元素，可以通过向访问元素赋值的方法来完成。

```
ser_obj3['name'] ='小王'
ser_obj3
```

程序执行结果如下：

```
name      小王
role      teacher
dtype: object
```

11.2.2 pandas 数据结构——DataFrame 对象

1. DataFrame 的创建

DataFrame 是一个类似于二维数组或表格（如 Excel）的对象，由行和列组成，每列的数据可以是不同的数据类型，它的每一列是一个 Series 类，所以 DataFrame 也可以视为一组共享行索引的 Series 对象。结构如图 11.2 所示。

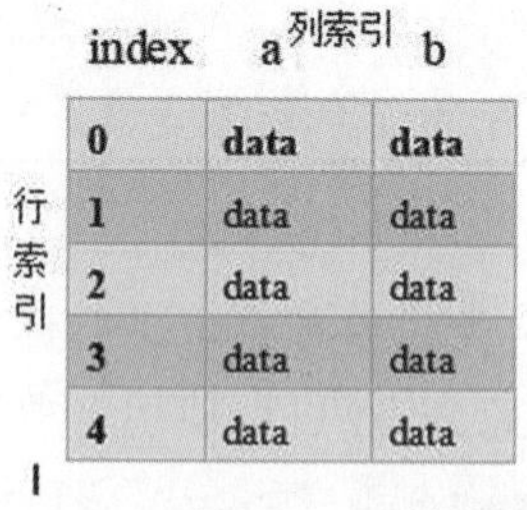

图 11.2 DataFrame 对象结构图

注意：DataFrame 的索引不仅有行索引，还有列索引，数据可以有多列。

通过 DataFrame() 函数可直接创建 DataFrame 对象,该函数的语法格式如下:

```
pd.DataFrame(data=None, index=None, columns=None, dtype=None)
```

参数说明:

data:数据,该参数可以是 NumPy 数组、字典、Series 对象或另一个 DataFrame 对象等。

index:行标签索引,若该参数没有接收到数据,默认使用 0～N 的整数索引。

columns:列标签索引,若该参数没有接收到数据,默认使用 0～N 的整数索引。

dtype:数据类型。

通过传入数组来创建 DataFrame 类对象:

```
import numpy as np
import pandas as pd
demo_arr=np.array([['a', 'b', 'c'], ['d', 'e', 'f']]) #创建数组
df_obj=pd.DataFrame(demo_arr)      #基于数组创建 DataFrame 对象
df_obj
```

输出结果为:

```
   0  1  2
0  a  b  c
1  d  e  f
```

在创建 DataFrame 类对象时,如果为其指定了列索引,则 DataFrame 的列会按照指定索引的顺序进行排列:

```
df_obj2=pd.DataFrame(demo_arr,columns=['No1', 'No2', 'No3'])   #指定列索引
df_obj2
```

输出结果为:

```
   No1  No2  No3
0  a    b    c
1  d    e    f
```

通过传入字典来创建 DataFrame 类对象,key 自动作为列索引:

```
df_obj3=pd.DataFrame({'姓名':['小米','小红','小李','小王'],
                      '学号':[19001,19002,19006,1003],
                      '性别':['female','female','male','male'] })
df_obj3
```

输出结果为:

```
   姓名   学号     性别
0  小米   19001  female
1  小红   19002  female
2  小李   19006  male
3  小王   1003   male
```

传入字典并修改默认行索引:

```
df_obj4=pd.DataFrame({'姓名':['小米','小红','小李','小王'],
                      '学号':[19001,19002,19006,1003],
                      '性别':['female','female','male','male'] },
                      index=['x1','x2','x3','x4'])
df_obj4
```

输出结果为：

	姓名	学号	性别
x1	小米	19001	female
x2	小红	19002	female
x3	小李	19006	male
x4	小王	1003	male

2. DataFrame 的访问与修改

1）DataFrame 的访问

DataFrame 结构既包含行索引，也包含列索引，分别通过 index 属性、columns 属性获取，通过 values 属性获取包含数据的数组。

```
df_obj4.index      #行索引
df_obj4.columns  #列索引
df_obj4.values
```

输出结果如下所示：

```
Index(['x1','x2','x3','x4'],dtype='object')
Index(['姓名','学号','性别'], dtype='object')
array([['小米', 19001, 'female'],
       ['小红', 19002, 'female'],
       ['小李', 19006, 'male'],
       ['小王', 1003, 'male']], dtype=object)
```

DataFrame 中每列的数据都是一个 Series 对象，可以直接通过索引来获取其中的某一列数据。还可以通过布尔索引来选取满足条件的数组。

```
df_obj4['姓名']
```

输出结果为：

```
x1    小米
x2    小红
x3    小李
x4    小王
Name:姓名, dtype: object
```

通过 values 属性获取具体的数据，示例如下：

```
print(list(df_obj4['姓名'].values))
```

输出结果为：

```
['小米', '小红', '小李', '小王']
```

如果要从 DataFrame 中获取多个 Series 对象，也可以通过使用不连续索引或切片来实现。

```
df_obj4[ ['姓名','性别']]   #通过传入列表来获取多列数据
```

输出结果为：

	姓名	性别
x1	小米	female
x2	小红	female
x3	小李	male
x4	小王	male

代码如下:

```
df_obj4[:2]    #使用切片获取第 0~ 1行的数据
```

输出结果为:

	姓名	学号	性别
x1	小米	19001	female
x2	小红	19002	female

注意:df_obj4[1]是错误的,不能先获取行,但可以通过切片来实现。

可以使用切片先通过行索引获取行的数据,再通过不连续列索引获取列的数据。

```
df_obj4[:2]['姓名']
```

输出结果为:

```
x1     小米
x2     小红
Name:姓名, dtype: object
```

布尔索引,找出性别为 male 的学生信息,示例如下:

```
df_obj4[df_obj4['性别']=='male']
```

输出结果为:

	姓名	学号	性别
x3	小李	19006	male
x4	小王	1003	male

除了上述方法以外,pandas 库还提供了操作索引的方法来访问数据。

loc:基于标签索引(索引名称),用于按标签选取数据。当执行切片操作时,既包含起始索引,也包含结束索引。

iloc:基于位置索引(整数索引),用于按位置选取数据。当执行切片操作时,只包含起始索引,不包含结束索引。

基于标签索引 loc,示例如下所示:

```
df_obj4.loc['x2']    #获取行标签为 x2 的一行数据
```

输出结果为:

```
姓名        小红
学号        19002
性别        female
```

代码如下:

```
Name: x2,dtype: object
df_obj4.loc['x2','性别']    #获取行标签为 x2、列标签为性别的数据
```

输出结果为:

```
'female'
```

代码如下:

```
df_obj4.loc['x1':'x3','姓名':'性别']   #获取行标签为 x1 到 x3,列标签为姓名到性别的数据
```

输出结果为:

	姓名	学号	性别
x1	小米	19001	female
x2	小红	19002	female
x3	小李	19006	male

基于位置索引 iloc,示例如下所示:

```
df_obj4.iloc[:2,0:2]    #包含前两行中所有列索引编号 0 到 2(不包含 2)的所有数据
```

输出结果为:

	姓名	学号
x1	小米	19001
x2	小红	19002

代码如下:

```
df_obj4.iloc[:, [2, 0]] #所有行中的列索引编号为 2 和 0 的数据
```

输出结果为:

	性别	姓名
x1	female	小米
x2	female	小红
x3	male	小李
x4	male	小王

代码如下:

```
df_obj4.iloc[1:2,:2]    #行索引编号为 1、列索引编号为 0 和 1 的数据
```

输出结果为:

	姓名	学号
x2	小红	19002

> **注意**:loc 切片包含结束位置,iloc 方法不包含结束位置。

2)DataFrame 的修改

对 DataFrame 对象中元素的修改,本质上是通过对 DataFrame 对象中的元素先进行访问,再赋予新值的方法来实现的。

修改 DataFrame 对象中的部分元素值,如下所示:

```
df_obj4.loc['x4','学号']=19003
df_obj4.iloc[1:2,:2]=['王红',19008]
df_obj4
```

输出结果为:

	姓名	学号	性别
x1	小米	19001	female
x2	王红	19008	female
x3	小李	19006	male
x4	小王	19003	male

由结果可以看出,DataFrame 对象中行索引'x4'、列索引'学号'的值被改为 19003,第二行的姓名和学号数据都被修改。

可以采用赋值方法添加新列，如下所示：

```
df_obj4['年龄']=[20,21,20,22]
df_obj4
```

输出结果为：

	姓名	学号	性别	年龄
x1	小米	19001	female	20
x2	王红	19008	female	21
x3	小李	19006	male	20
x4	小王	19003	male	22

11.2.3 文件读写

在进行数据分析时，通常不会将需要分析的数据直接写入程序中，这样不仅造成程序代码臃肿，而且可用率很低。常用的解决方法是将待分析的数据存储到本地中，之后再对存储文件进行读取。

1. 读写 CSV 文件

read_csv()函数的作用是将 CSV 文件的数据读取出来，转换成 DataFrame 对象展示。该函数的语法格式如下：

```
read_csv(filename,sep=',', header=0, names=None, index_col=None,  ...)
```

参数说明：

filename：文件路径，不可缺省。

sep：指定使用的分隔符，默认用"，"分隔。

header：若为 n，则指定文件中的第 n 行(n 从 0 开始)用来作为列标签，默认为 0。

names：默认为 None，指定的列名列表。覆盖第一行中提供的列名。

index_col：默认为 None，选取某列的列编号或列名以此作为新的行索引。

to_csv()函数的作用是将数据写入 CSV 文件中。该函数的语法格式如下：

```
to_csv(filename,sep=',',columns=None,header=True, index=True, index_label=
None, mode='w', ...)
```

参数说明：

filename：文件路径，不可缺省。

index：默认为 True。若设为 False，则将不会显示行索引。

读写文本文件时，若数据中包含中文，最好指定编码是' utf-8 '，否则汉字会变成乱码。

```
import pandas as pd
df=pd.DataFrame({'姓名': ['小米','小李','小王','小孙'],
                 '数学': [96,75,88,70],
                 '语文': [80,85,66,78]})
#将 df 对象写入 CSV 格式的文件中，不使用原有行索引
df.to_csv(r'mypandas.csv',index=False,encoding='utf-8')
```

上例将一个 DataFrame 数据(见图 11.3(a))写到 mypandas.csv 文件中，文件内容如图 11.3(b)所示。

(a)DataFrame 数据   (b)CSV 文件

图 11.3　读写文件示例 1

读取指定目录下的 CSV 格式的文件：

```
file_data=pd.read_csv(r'mypandas.csv',encoding="utf-8")
file_data
```

输出结果如图 11.4 所示。

图 11.4　读写文件示例 2

在读取文件时可以指定新的列索引，并使用 header＝0 来忽略原有列名，结果如图 11.5 (a)所示。

```
new_col=['name','math','english']
file_data=pd.read_csv(r'mypandas.csv',names=new_col,header=0)
```

也可在读取时指定新的行索引：

```
file_data=pd.read_csv(r'mypandas.csv',index_col='姓名')
```

结果如图 11.5(b)所示，此时'姓名'列将当作索引。

(a)使用新列名   (b)'姓名'列作为行索引

图 11.5　读写文件示例 3

2. 读写 Excel 文件

Excel 文件也是比较常见的存储数据的文件,它里面均是以二维表格的形式显示的,可以对数据进行统计、分析等操作。Excel 的文件扩展名有 .xls 和 .xlsx 两种。

read_excel() 函数的作用是将 Excel 中的数据读取出来,转换成 DataFrame 展示。该函数的语法格式如下:

```
pd.read_excel(filename,sheet_name= 0,header= 0,names= None,index_col= None,
dtype, ...)
```

参数说明:

filename:文件路径,不可缺省。

sheet_name:指定要读取的工作表的表名或编号,默认为 0,即为第一个工作表。

header:指定列标签,默认为 0,若 Excel 表有列名且该值为 None,则将把列名也作为数据。

names:要使用的列名称。

index_col:用作行索引的列编号或列名。

to_excel() 方法的功能是将 DataFrame 对象写入 Excel 工作表中。该函数的语法格式如下:

```
to_excel(filename,sheet_name= 'Sheet1',na_rep= '',
float_format= None, columns= None, header= True, index= True, ...)
```

参数说明:

filename:读取的文件路径。

sheet_name:工作表的名称,默认为"Sheet1"。

na_rep:缺失数据在工作表中单元格对应的值,默认为空字符串。

index:是否写行索引,默认为 True。

写 Excel 文件,如下所示:

```
import pandas as pd
df2=pd.DataFrame({'学号': ['21001', '21002','21003','21004'],
                  '姓名': ['小米','小李','小王','小孙'],
                  '数学': [96,75,88,70], '语文': [80,85,66,78]})
df2.to_excel(r'mypandas.xlsx', 'pandans 基础',index=False)
#将数据写到文件中并指定工作表名为 pandans 基础
```

读取 Excel 文件:

```
file_data2=pd.read_excel(r'mypandas.xlsx')
file_data2
```

上例将一个 DataFrame 数据写到 mypandas.xlsx 文件中,文件内容如图 11.6(a) 所示,从该文件读取数据结果如图 11.6(b) 所示。

(a)写到 Excel 文件   (b)获得的 DataFrame 数据

图 11.6   读写 Excel 文件示例

11.3   Matplotlib 绘制图表

Matplotlib 是一个强大的绘图工具,是 Python 数据可视化绘图模块,其优势主要有以下几点:

(1)Matplotlib 是开源免费的;

(2)Matplotlib 属于 Python 的扩展模块,它继承了 Python 面向对象、易读、易维护等特点;

(3)Matplotlib 可以借助 Python 丰富的第三方模块嵌入用户界面应用程序,或嵌入网页中。

使用 Matplotlib 绘制图表,需要先导入绘制图表的模块 pyplot,该模块提供了一种类似 Matlab 的绘图方式,主要用于绘制简单或复杂的图形。

导入 pyplot 库,并设置一个别名 plt。

```
import matplotlib.pyplot as plt
```

如果是在 Jupyter Notebook 中绘图,则需要增加如下魔术命令:

```
% matplotlib inline
```

11.3.1   Figure 对象及风格控制

1. figure()函数

pyplot 模块中有一个默认的 Figure 对象,该对象可以理解为一张空白的画布,用于容纳图表的各种组件。

例如,在默认的画布上绘制简单的图形:

```
import matplotlib.pyplot  as plt
import numpy as np
plt.plot([1,2,3],[4,5,6])        #在默认画布上绘制折线图
plt.show()                       #在本机上显示图形
```

上述代码中的 plot()函数可以快速地绘制折线图(见图 11.7),具体分析参见 11.3.2,需至少给出 x 轴、y 轴的数据。

如果不希望在默认的画布上绘制图形,则可以调用 figure()函数,该函数可以创建一个 Figure 对象,构建一张新的空白画布,代表新的绘图区域。

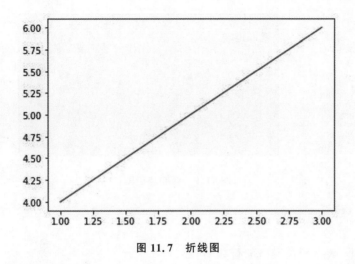

图 11.7　折线图

figure 函数的语法格式如下：

```
plt.figure(num=None,figsize=None,dpi=None,facecolor=None,edgecolor=None,
frameon=None,**kwargs)
```

参数说明：

num：图形的编号或名称。

figsize：设置画布的尺寸。

dpi：设置图形的分辨率。

facecolor：设置画板的背景颜色。

edgecolor：显示边框颜色。

frameon：设置是否显示边框。

示例：

```
plt.figure(figsize=(20,8),dpi=100,facecolor='green')  #创建 Figure 画布对象
data=np.array([[1,2,3],[4,5,6]])                      #准备数据
plt.plot(data[0],data[1])                             #绘制图表
plt.show()                                            #展示图表(见图 11.8)
```

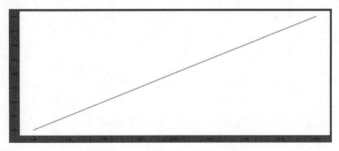

图 11.8　创建 Figure 画布对象

2. subplot()函数

　　Figure 对象允许划分为多个绘图区域，每个绘图区域都是一个 Axes 对象，它拥有属于自己的坐标系统，被称为子图。(见图 11.9)

　　使用 subplot()函数实现在画布上创建一个子图。subplot()函数的语法格式如下：

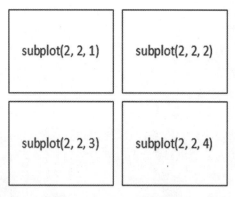

图 11.9　画布与子图

```
plt.subplot(nrows, ncols, index, * * kwargs)
```

参数说明:

nrows,ncols:表示子区网格的行数、列数。

index:表示矩阵区域的索引。

subplot()函数会将整个绘图区域等分为 nrows(行)×ncols(列)的矩阵区域,之后按照从左到右、从上到下的顺序对每个区域进行编号。其中,位于左上角的子区域编号为 1,依次递增。

整个绘制区域划分为 2×2(两行两列)的矩阵区域,每个区域的编号如图 11.10 所示。

| subplot(2, 2, 1) | subplot(2, 2, 2) |
| subplot(2, 2, 3) | subplot(2, 2, 4) |

图 11.10　2×2 画布子图

```
#单个子图
plt.subplot(2,2,1)   #创建 2×2 的矩阵区域编号为 1
plt.plot([1,2,3],[4,5,6])
plt.subplot(2,2,2)   #创建 2×2 的矩阵区域编号为 2
plt.plot([1,2,3],[5,6,7])
plt.subplot(2,2,3)   #创建 2×2 的矩阵区域编号为 3
plt.plot([1,2,3],[7,8,9])
plt.subplot(2,2,4)   #创建 2×2 的矩阵区域编号为 4
plt.plot([1,2,3],[5,9,11])
plt.show()
```

如果 nrows、ncols 和 index 这三个参数的值都小于 10,则可以把它们简写为一个实数。如图 11.10 中的 subplot(2,2,3)和 subplot(223)是等价的。

用 2×2 画布绘制不同的折线图如图 11.11 所示。

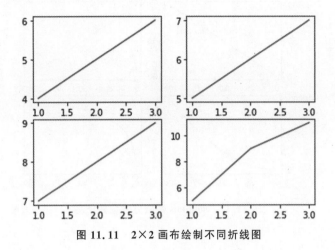

图 11.11　2×2 画布绘制不同折线图

3. subplots()函数

如果希望一次性创建一组子图,则可以通过 subplots()函数进行实现。

subplots()函数的语法格式:

```
subplots(nrows=1,ncols=1,sharex=False,sharey=False,squeeze=True,subplot_
kw=None,gridspec_kw=None,**fig_kw)
```

参数说明:

nrows,ncols:子区网格的行数、列数。

sharex,sharey:表示控制 x 或 y 轴是否共享。

subplots()函数会返回一个元组,元组的第一个元素为 Figure 对象(画布),第二个元素为 Axes 对象(子图,包含坐标轴和画的图)或 Axes 对象数组。如果创建的是单个子图,则返回的是一个 Axes 对象,否则返回的是一个 Axes 对象数组。

示例:

```
#subplots 数组方式创建子图
nums=np.arange(1,101)
fig,axeses=plt.subplots(2,2)
ax1 =axeses[0,0]
ax2 =axeses[0,1]
ax3 =axeses[1,0]
ax4 =axeses[1,1]
ax1.plot(nums,nums)
ax2.plot(nums,-nums)
ax3.plot(nums,nums* nums)
ax4.plot(nums,np.log(nums))
plt.show()
```

创建的子图效果如图 11.12 所示。

4. add_subplot()方法

除了使用 pyplot 模块中的函数创建子图,还可以通过 Figure 类的 add_subplot()方法添加和选中子图。

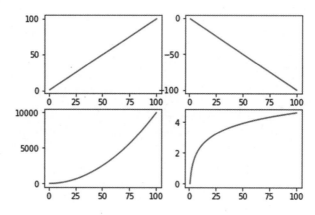

图 11.12   subplots 数组方式创建子图

语法格式：

```
add_subplot(*args,**kwargs)
```

参数说明：

*args：一个三位数的实数或三个独立的实数，用于描述子图的位置。比如"a，b，c"，其中 a 和 b 表示将 Figure 对象分割成 a×b 大小的区域，c 表示当前选中的要操作的区域。

调用 add_subplot()方法时传入的是"2,2,1"，则会在 2×2 的矩阵中编号为 1 的区域上绘图。

示例：

```
#add_subplot()方法添加和选中子图
fig =plt.figure(figsize=(10,8))
fig.add_subplot(2,2,1)
fig.add_subplot(2,2,2)
fig.add_subplot(2,2,4)
fig.add_subplot(2,2,3)
arr=np.arange(1,101)    #在编号为 3 的子图区域上绘制
plt.plot(arr)
plt.show()
```

绘制效果如图 11.13 所示。

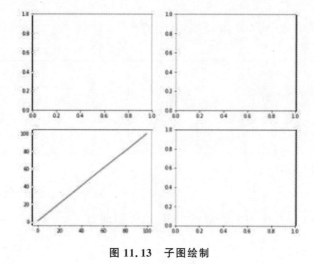

图 11.13   子图绘制

每调用一次 add_subplot()方法只会规划画布,划分子图,且只会添加一个子图。当调用 plot()函数绘制图形时,会画在最后一次指定子图的位置上。

5. 添加各类标签

绘图时除了根据数据绘制图形,还可以为图形添加一些标签信息,比如标题、坐标名称、图例、注释文本、坐标轴的刻度等,它们都可以对图形进行补充说明。

pyplot 模块提供了为图形添加各类标签的函数,如表 11.1 所示。

表 11.1　各类标签的函数

函 数 名 称	说　明
title()	设置当前图表标题
xlabel()、ylabel()	设置当前图形 x 轴、y 轴的标签名称
xticks()、yticks()	设置 x 轴、y 轴的刻度线位置和刻度标签
xlim()、ylim()	设置或获取 x 轴、y 轴的刻度范围
legend()	为图表添加图例
grid()	显示图表中的网格
table()	为图表添加数据表格

这些函数之间是并列关系,没有先后顺序,既可以先绘制图形,也可以先添加标签。但是图例的添加只能在绘制完图形之后。

如果要设置的图表标题中含有中文字符,则会变成方格子而无法正确显示。实际上 Matplotlib 是支持中文编码的,造成这种情况主要是因为 Matplotlib 库的配置信息里面没有中文字体的相关信息,在 Python 脚本中动态设置 matplotlibrc,这样就可以避免由于更改配置文件而造成的麻烦。

代码如下:

```
from pylab import mpl
#设置显示中文字体,黑体字
plt.rcParams['font.family']='SimHei'
```

另外,字体更改会导致坐标轴中的部分字符无法正常显示,这时需要更改 axes. unicode _minus 参数。

代码如下:

```
#设置正常显示符号
mpl.rcParams['axes.unicode_minus']=False
```

11.3.2　绘制常见图表

matplotlib. pyplot 模块中包含了快速生成多种图表的函数,如表 11.2 所示。

表 11.2　常用绘制图表函数

函　数	说　明
plot()	折线图

续表

函　　数	说　　明
hist()	直方图
pie()	饼图
scatter()	散点图
boxplot()	箱形图
barh()	条形图

1. 折线图

折线图是用直线段将各数据点连接起来而组成的图形,以折线的方式显示数据的变化趋势。折线图反映一组数据的变化趋势。

使用 pyplot 的 plot()函数可以快速地绘制折线图。语法格式:

```
plot(x, y,fmt, scalex=True, scaley=True, data=None, label=None, * args, * *
kwargs)
```

参数说明:

x:x 轴的数据,默认值为 range(len(y))。

y:y 轴的数据。

fmt:快速设置线条样式的格式字符串。

label:应用于图例的标签文本。

* * kwargs:其他参数。

表 11.3 给出了某市未来 10 天的天气数据,将日期列的数据作为 x 轴数据,将最高气温和最低气温两列的数据作为 y 轴数据,使用 plot()函数绘制折线图。

表 11.3　某市未来 10 天的天气数据

	第一天	第二天	第三天	第四天	第五天	第六天	第七天	第八天	第九天	第十天
最高气温	14	13	9	9	7	11	17	16	17	16
最低气温	5	9	5	—1	0	1	4	5	6	4

代码如下所示:

```
import matplotlib.pyplot  as plt
import numpy as np
from pylab import mpl
#设置显示中文字体,黑体字
mpl.rcParams['font.sans-serif']=['SimHei']
plt.rcParams['font.family']='SimHei'#显示中文
plt.rcParams['axes.unicode_minus']=False#显示负号
x=np.arange(1,11)
y_max=np.array([14,13,9,9,7,11,17,16,17,16])
y_min=np.array([5,9,5,-1,0,1,4,5,6,4])
```

```
plt.plot(x,y_max,marker="* ",label='最高气温',linestyle='--',color='r')
plt.plot(x,y_min,marker="p ",label='最低气温',color='b')
plt.title('未来10天最高气温和最低气温的走势')
plt.ylabel('温度') #设定 y 轴标签
#设定 x、y 轴刻度
plt.ylim(-5,20)
plt.xlim(0,11)
plt.show()
```

执行结果如图 11.14 所示。

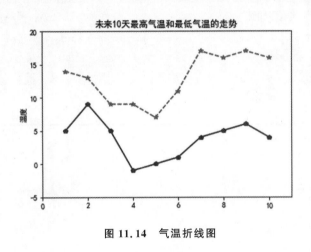

图 11.14   气温折线图

在使用绘制图表的函数(比如 plot 等)画图时,还可以设定线条的相关参数,包括颜色、线型和标记风格。

线条颜色使用 color 参数控制,支持颜色名或者十六进制值,如红色可用 r(red)或 #f00 表示。

线型使用 linestyle 参数控制,线型值'—'实线,'——'长虚线,'—.'短点线等。

数据标记使用 marker 参数控制,标记值"."点,","像素点,"o "实心圆,"* "星号等。

2. 直方图

直方图是统计报告图中的一种,它由一系列高度不等的纵向条纹或线段来表示数据的分布情况,一般用横轴表示数据所属的类型,用纵轴表示数量或占比。利用 hist()函数绘制直方图,不需要 y 轴数据,由系统统计范围内的值出现的频率作为 y 轴,适于比较数据之间的多少。语法格式:

```
hist(x, bins=None, range=None, density=None, weights=None, cumulative=
False,histtype='bar',bottom=None, * * kwargs)
```

参数说明:

x:x 轴的数据,可以是单个数组,或者不需要相同长度的数组序列。

bins:绘制矩形条的个数,默认为 10。

range:数据的范围,若未设置范围,默认数据范围为(x.min(), x.max())。

cumulative:是否计算累计频数或频率。

histtype:直方图的类型,支持' bar '、' barstacked '、' step '、' stepfilled '四种取值,其中' bar '

为默认值,代表传统的直方图;' barstacked '代表堆积直方图;' step '代表未填充的线条直方图;' stepfilled '代表填充的线条直方图。

生成一组 0～100 之间的随机数,并统计出现的频率。

```
import matplotlib.pyplot as plt
import numpy as np
arrand=np.random.randint(0,100,50) #随机数组,50 个随机数
print(arrand)
plt.hist(arrand,bins=10,color='g',alpha=0.3)
plt.show()
```

得到一组随机数,结果如下:

```
[85 25 29 79 58 86 60 16  4 94  6 67 42 48 15 25 53 80 21 74 40 17 40 89
 25 90 83  9 80  7 92 26 77 94 80 99 48 24 17 12  5 57 25 34 25 83 44 68
 95 55]
```

执行结果如图 11.15 所示。

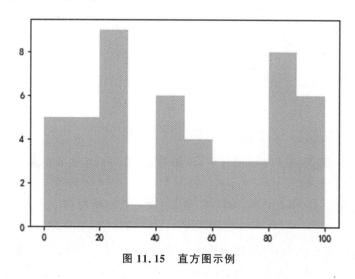

图 11.15　直方图示例

由图可见,此次在 20～30 之间的随机数数量最多。

3. 散点图或气泡图

散点图是指数据点在直角坐标系平面上的分布图,通常用于比较跨类别的数据。散点图以某个特征为横坐标,以另一个特征为纵坐标,通过散点的疏密程度和变化趋势表示这两个特征的数量关系。包含的数据点越多,比较的效果就会越好。散点图一般用于显示若干数据系列中各数值之间的关系。

pyplot 模块中的 scatter()函数用于绘制散点图。语法格式:

```
scatter(x, y, s=None, c=None, marker=None,cmap=None,alpha=None, linewidths
=None, edgecolors=None, * , * * kwargs)
```

参数说明:

x,y:数据点的位置。

s:数据点的大小,默认为 20。

c:数据点的颜色,默认为蓝色。

marker:数据点的样式,默认为圆形。

alpha:透明度,可以取值为 0～1。

linewidths:数据点的描边宽度。

edgecolors:数据点的描边颜色。

使用 scatter()函数绘制散点图,代码如下所示:

```
import numpy as np
import matplotlib.pyplot as plt
x=np.random.rand(50)              #生成 50 个[0,1)之间的数的数组
y=np.random.rand(50)
plt.scatter(x, y)
plt.show()
```

上述代码创建一组包含[0,1)之间的随机数,作为散点图中 x 轴的数据,并绘制散点图,执行结果如图 11.16(a)所示。

修改代码,更改数据点的大小和颜色,绘制气泡图,代码如下所示:

```
#生成点的大小,半径范围从 0 到 10, np.pi 表示 p
area=np.pi * (10** np.random.rand(50))** 2
colors=np.random.rand(50)          #生成 50 个[0,1)之间的数来表示颜色
plt.scatter(x, y, s=area,c=colors,alpha=0.5)      #s 中的值表示每个点的大小
plt.show()
```

执行结果如图 11.16(b)所示。

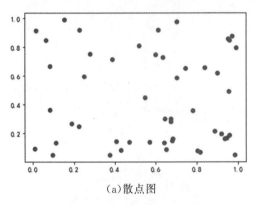

(a)散点图

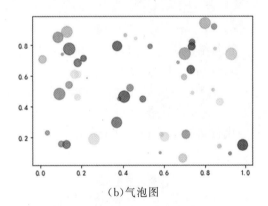

(b)气泡图

图 11.16 散点图和气泡图

4. 饼图或圆环图

饼图可以显示一个数据序列中各项的大小与各项总和的比例,每个数据序列具有唯一的颜色或图形,并且与图例中的颜色是相对应的。

使用 pyplot 的 pie()函数可以快速地绘制饼图或圆环图,语法格式:

```
pie(x, explode=None, labels=None,autopct=None, pctdistance=0.6, startangle
=None, * ,wedgeprops=None,pctdistance=0.6,shadow=False,labeldistance=1.1,data
=None)
```

参数说明:

x:扇形或楔形的数据。

explode:扇形或楔形离开圆心的距离。

labels:扇形或楔形对应的标签文本。

startangle:起始绘制角度,默认从 x 轴的正方向逆时针绘制。

autopct:控制扇形或楔形的数值显示的字符串,可通过格式字符串指定小数点后的位数。

wedgeprops:控制扇形或楔形属性的字典。如通过 wedgeprops={' width ':0.7}可将楔形的宽度设为 0.7。

pctdistance:扇形或楔形对应的数值标签距离圆心的比例,默认为 0.6。

shadow:是否显示阴影。

labeldistance:标签文本的绘制位置(相对于半径的比例),默认为 1.1。

某门店上半年每月销售利润如表 11.4 所示,使用 pie()绘制饼图。

表 11.4　某门店上半年每月销售利润

月份	一月	二月	三月	四月	五月	六月
利润/万元	20	50	10	15	30	55

代码如下所示:

```
import matplotlib.pyplot  as plt
import numpy as np
data=np.array([20, 50, 10, 15, 30, 55])
pie_labels=np.array(['一月', '二月', '三月', '四月', '五月', '六月'])
#绘制饼图:半径为 1.5,数值保留 1 位小数
plt.pie(data, radius=1.5, labels=pie_labels, autopct='% 3.1f% % ')
plt.show()
```

执行结果如图 11.17(a)所示。

修改 pie()参数,如下所示:

```
plt.pie(data, radius=1.5, labels=pie_labels,
autopct='% 3.1f% % ',pctdistance=0.8,wedgeprops={'width':0.7})
```

执行结果如图 11.17(b)所示。

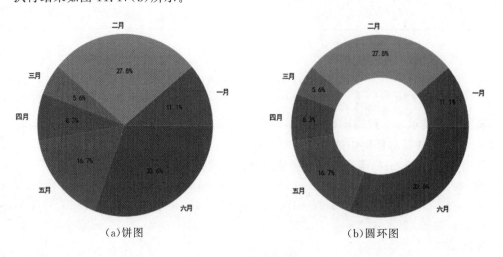

(a)饼图　　　　　　　　　(b)圆环图

图 11.17　饼图和圆环图

5. 柱形图或堆积柱形图

使用 pyplot 的 bar()函数可以快速地绘制柱形图或堆积柱形图,语法格式:

```
bar(x, height, width=0.8, bottom=None, align='center', tick_label=None,xerr
=None, yerr=None, * * kwargs)
```

参数说明:

x:柱形的 x 坐标值。

height:柱形的高度。

width:柱形的宽度,默认为 0.8。

bottom:柱形底部的 y 值,默认为 0。

tick_label:柱形对应的刻度标签。

xerr,yerr:若未设为 None,则需要为柱形图添加水平、垂直误差棒。

某班级男生女生各科平均成绩如表 11.5 所示,使用 bar()函数绘制柱形图。

表 11.5　某班级男生女生各科平均成绩

学　　　科	平均成绩(男)	平均成绩(女)
语文	86.5	93
数学	92	84
英语	80	90
物理	62	56
化学	65	50
生物	55	54

代码如下所示:

```
x=np.array(['语文','数学','英语','物理','化学','生物'])
x1=np.arange(6)
y1=np.array([86.5,92,80,62,65,55])
y2=np.array([93,84,90,56,50,54])
#柱形的宽度
bar_width=0.4
#根据多组数据绘制柱形图
plt.bar(x1, y1,width=bar_width,tick_label=x,color='r')
plt.bar(x1+bar_width,y2,width=bar_width,color='b')    #调整柱形的 x 坐标值
plt.legend(['男','女'])    #添加图例
plt.show()
```

执行结果如图 11.18(a)所示。

当有多组数据在使用 bar()函数绘制图表时,如果后绘制的函数的 bottom 参数传值为先绘制函数的 y 值,则后绘制的柱形位于先绘制的柱形的上方。

```
plt.bar(x1+bar_width,y2,width=bar_width,color='b')
```

改成

```
plt.bar(x1,y2,bottom=y1,width=bar_width,color='b')
```

执行结果如图 11.18(b)所示。

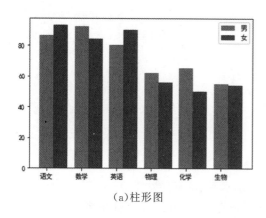
（a）柱形图

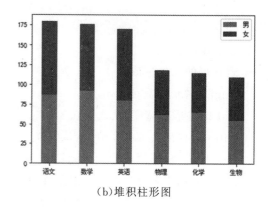
（b）堆积柱形图

图 11.18   柱形图和堆积柱形图

6. 条形图或堆积条形图

条形图是用宽度相同的条形的高度或者长短来表示数据多少的图形，可以横置或纵置，纵置时也称为柱形图。条形图显示各个项目之间的比较情况，和直方图有类似的作用。

使用 pyplot 的 barh() 函数可以快速地绘制条形图或堆积条形图。语法格式如下：

```
barh(y, width, height=0.8, left=None, align='center', * , tick_label=None,
xerr=None,yerr=None,**kwargs)
```

参数说明：

y：条形的 y 值。

width：条形的宽度。

height：条形的高度，默认值为 0.8。

left：条形左侧的 x 坐标值，默认值为 0。

align：条形的对齐方式，默认值为 center，即条形与刻度线居中对齐。

tick_label：条形对应的刻度标签。

xerr，yerr：若未设为 None，则需要为条形图添加水平、垂直误差棒。

将柱形图的例题使用 barh() 函数进行绘制，其中 x 值为科目名称，y 值为科目成绩。代码如下所示：

```
y=np.array(['语文','数学','英语','物理','化学','生物'])
y1=np.arange(6)
x1=np.array([86.5,92,80,62,65,55])
x2=np.array([93,84,90,56,50,54])
bar_height=0.3
plt.barh(y1, x1, tick_label=y, height=bar_height)
plt.barh(y1+bar_height, x2,height=bar_height)
plt.legend(['男','女'])
plt.show()
```

执行结果如图 11.19(a)所示。

在使用 barh() 函数绘制图表时，也可以通过给 left 参数传值的方式控制条形的 x 值，使后绘制的条形位于先绘制的条形右方，类似于柱形图。

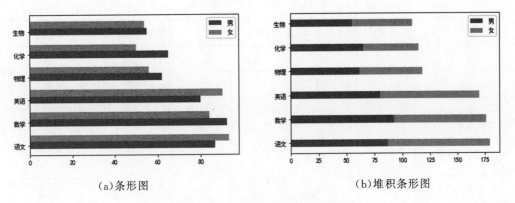

(a)条形图   (b)堆积条形图

图 11.19　条形图和堆积条形图

```
plt.barh(y1+bar_height, x2,height=bar_height)
```

改成

```
plt.barh(y, x2,left=x1,height=bar_height)
```

执行结果如图 11.19(b)所示。

7. 箱形图

箱形图又称为盒形图、盒式图或箱线图,是一种用作显示一组数据分散情况资料的统计图。使用 pyplot 的 boxplot()函数可以快速地绘制箱形图。箱形图在识别异常值方面有一定的优越性。

boxplot()函数的语法格式如下:

```
boxplot(x, notch = None, sym = None, vert = None, whis = None, positions = None,
widths=None, * , patch_artist=None,meanline=None,showcaps=None,showbox=None,
showfliers=None,labels=None,boxprops=None,data=None)
```

参数说明:

x:箱形图的数据。

sym:异常值对应的符号,默认为空心圆圈。

vert:是否将箱形图垂直摆放,默认为垂直摆放。

whis:箱形图上下须与上下四分位的距离,默认为 1.5 倍的四分位差。

positions:箱体的位置。

widths:箱体的宽度,默认为 0.5。

patch_artist:是否填充箱体的颜色,默认不填充。

meanline:是否用横跨箱体的线条标出中位数,默认不使用。

showcaps:是否显示箱体顶部和底部的横线,默认显示。

showbox:是否显示箱形图的箱体,默认显示。

showfliers:是否显示异常值,默认显示。

labels:箱形图的标签。

boxprops:控制箱体属性的字典。

某户居民 2020 年、2021 年各月用电量如表 11.6 所示,利用 boxplot()函数绘制箱形图。

表 11.6 某户居民月用电量

月份	2021 年月用电量/千瓦时	2020 年月用电量/千瓦时
1	285	138
2	376	398
3	130	317
4	118	171
5	99	117
6	99	100
7	123	104
8	211	103
9	205	357
10	172	97
11	113	111
12	99	121

代码如下所示：

```
import matplotlib.pyplot  as plt
import numpy as np
#2020 年和 2021 年月用电量
data_2020=np.array([138,398,317,171,117,100,104,103,357,97,111,121])
data_2021=np.array([285,376,130,118,99,99,123,211,205,172,113,99])
#绘制箱形图
plt.boxplot([data_2020, data_2021], labels=('2020 年', '2021 年'),
          meanline=True, widths=0.5, patch_artist=True)
plt.show()
```

执行结果如图 11.20 所示。

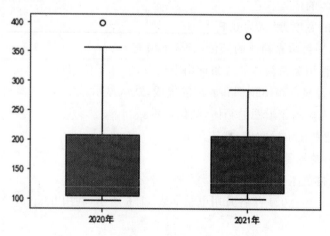

图 11.20 箱形图

由图 11.20 可知,2020 年、2021 年每月的用电量大多分布 100～200 千瓦时范围内,但均有异常值出现。

8.本地保存图形

保存当前生成的图表,可以调用 savefig()函数进行保存。语法格式如下:

```
savefig(fname, dpi=None, facecolor='w', edgecolor='w', ...)
```

fname 参数是一个包含文件名路径的字符串,或者是一个类似于 Python 文件的对象。如果 format 参数设为 None 且 fname 参数是一个字符串,则输出格式将根据文件名的扩展名推导出来。该方法应在 show 方法之前。

此外,在 Jupyter Notebook 中还可以在图形上右击来另存为图片,或在 PyCharm 显示图形的窗口中,点击保存按钮进行保存。

课 程 思 政

在软件开发领域,讲究团队合作,团队操作在很大程度上可以实现优势的互补。未来的从业人员,应该具备宽广的胸怀,乐于奉献,团结和服务于人民,并具备必要的沟通和理解能力,这样在研发过程中遇到的困难才能最快、最有效地得到解决。在数据分析中也存在着合作关系,NumPy 补充了 Python 语言所欠缺的数值计算能力,但它的数据类型必须相同,pandas 可以处理不同数据类型的数据集,但 pandas 库在运行时又用到了 numpy 库。数据分析后往往需要更直观的可视化展示方式,Matplotlib 可以很方便地绘制各种图形,是可视化展示数据的最有力工具,通常配合 numpy 和 pandas 一起使用。

本 章 小 结

本章主要针对 pandas 库的基础内容进行了介绍,包括常用的数据结构、索引操作、数据的访问修改和读写数据操作等,讲解如何使用 pandas 操作数据,并使用 Matplotlib 库的绘图函数绘制简单的图表,包括折线图、直方图、散点图或气泡图、饼图或圆环图、柱形图或堆积柱形图、条形图或堆积条形图、箱形图。

习 题 11

1.现有表 11.7 所示的股票数据(数据来源百度股市通):

表 11.7　股票数据

股票代码	名　称	最　新　价	涨　跌　值	涨　跌　幅
688596	正帆科技	43	5.97	16.12%
688161	威高骨科	54.34	6.44	13.44%
688085	三友医疗	28.78	3.04	11.81%
688580	伟思医疗	48.48	5.08	11.71%
688626	翔宇医疗	28.99	2.94	11.29%
688016	心脉医疗	151.9	14.45	10.51%
688793	倍轻松	39.54	3.64	10.14%

股 票 代 码	名　　称	最　新　价	涨　跌　值	涨　跌　幅
603889	新澳股份	6.99	0.64	10.08％
600539	狮头股份	7.23	0.66	10.05％
605300	佳禾食品	13.92	1.27	10.04％
600605	汇通能源	11.09	1.01	10.02％

完成以下操作：

(1)按照表 11.7 建立一个 DataFrame 对象，并将数据写到 Excel 中保存；

(2)使用条形图展示股票数据，x 轴为股票代码，y 轴为最新价。

参考文献

[1] 嵩天,礼欣,黄天羽. Python 语言程序设计基础[M].2 版.北京:高等教育出版社,2017.

[2] 黑马程序员. Python 数据分析与应用:从数据获取到可视化[M].北京:中国铁道出版社,2019.

[3] 黑马程序员. Python 程序设计现代方法[M].北京:人民邮电出版社,2019.

[4] 吴卿. Python 编程:从入门到精通[M].北京:人民邮电出版社,2020.

[5] 黑马程序员. Python 数据可视化[M].北京:人民邮电出版社,2021.

[6] 常鹏飞. Python 程序设计与实战[M].北京:北京理工大学出版社,2020.

[7] 顾鸿虹,于静. Python 程序设计基础[M].北京:北京邮电大学出版社,2020.

[8] 单显明,贾琼,陈琦. Python 程序设计案例教程[M].北京:北京理工大学出版社,2020.

[9] 丛培盛,杨志强,朱仲良,等. Python 计算思维与问题求解[M].上海:同济大学出版社,2020.

[10] 杨旭,张学义,单家凌. Python 语言程序设计基础[M].北京:电子科技大学出版社,2019.

[11] 殷耀文,周少卿,时俊. Python 编程从入门到实践[M].北京:北京理工大学出版社,2020.

[12] 刘卫国. Python 程序设计教程[M].2 版.北京:北京邮电大学出版社,2020.

[13] 龚沛曾,杨志强. Python 程序设计及应用[M].北京:高等教育出版社,2021.